本书受 2018 教育部人文社会科学研究基金
青年基金项目（编号：18YJC760144）、同
济大学中央高校基本科研业务费、上海市
设计学Ⅳ类高峰学科资助项目－智慧城市
中的公共艺术设计 -DB19102 资助

解放即将被数据
驯服和囚禁的人类

智慧城市中
的公共艺术设计

赵华森　陈 燕　著

中国美术学院出版社

责任编辑：周翔飞
执行编辑：周倩丽
封面设计：李　文
版式制作：胡一萍
责任校对：杨轩飞
责任印制：张荣胜

图书在版编目（ＣＩＰ）数据

智慧城市中的公共艺术设计 ： 解放即将被数据驯服
和囚禁的人类 / 赵华森，陈燕著 . -- 杭州 ： 中国美术
学院出版社 ， 2020.4
ISBN 978-7-5503-2081-9

Ⅰ . ①智⋯ Ⅱ . ①赵⋯ ②陈⋯ Ⅲ . ①现代化城市－
城市景观－景观设计－研究 Ⅳ . ① TU-856

中国版本图书馆 CIP 数据核字 (2019) 第 249009 号

智慧城市中的公共艺术设计
解放即将被数据驯服和囚禁的人类

赵华森　陈燕　著

出 品 人：祝平凡
出版发行：中国美术学院出版社
地　　址：中国・杭州市南山路218号 / 邮政编码：310002
网　　址：http://www.caapress.com
经　　销：全国新华书店
印　　刷：杭州捷派印务有限公司
版　　次：2020年4月第1版
印　　次：2020年4月第1次印刷
印　　张：7
开　　本：889mm×1194mm　1 / 32
字　　数：150千
图　　数：104幅
印　　数：001－500
书　　号：ISBN 978-7-5503-2081-9
定　　价：78.00元

前　言

　　1859 年，查尔斯·达尔文在《物种起源》中论述了人工选择（Artificial Selection），使人们认识到物种进化的指挥棒可以被人所掌握，人们可以操控生命发展的方向。近些年，人工智能（Artificial Intelligence）技术的突破，使人们又一次陷入癫狂，仿佛自己拿到了开启智慧的钥匙，可以在不久的未来赋予机器以"生命"和"智慧"。在乐观者与悲观者不断辩论时，人工智能已经悄然侵入我们的都市生活。

　　人工智能同 5G、物联网等技术构建起了一张空间计算之网。Magic Leap 的 Magicverse 和华为的 Cyberverse 在践行着布拉顿的堆栈理念，资本裹挟着权力将人们推进这多重宇宙般的都市空间。空间生产的方式也已超出了亨利·列斐伏尔（Henri Lefebvre）的想象，主要大国及顶级科技公司争先恐后地争抢此次都市革命的旗帜。在此智慧城市空间中，人们无法选择"离线"或"断网"，因为遍布的传感器将提取每个人的数字化表征，人们将以数字人的形式存在于智慧城市系统中。日益增长的数字人及人们在网络生活中创造的数字替身，在数量上将远超人类。同时在这些数据的喂养下，人工智能在自我博弈中迅速成长，在今天 Deepfake 可以伪造你的视频和模仿你的声音，在未来它将替代你在数字世界永生。灵魂已经出窍，肉体这个容器也同样耐不住寂寞。在逃离地球、对完美与永生等追求下，肉体不断地赛博格化。随着脑机接口的发展，人的意识将通过物联网与万物和空间互联，奥运会"刀锋战士"的假肢将成为文物，整座智慧城市都将被"义肢化"。

福柯的全景监狱与尼葛洛庞帝的数字化生存即将变成数字化双重囚禁。对生物识别监控摄像的抵制终究是徒劳，人们随时会被那些难以察觉、嵌入在无数智能硬件里的感知原件所单向感知，这种感知突破了公私空间的边界，你的一言一行、一举一动都将进入云端。对完美与永生的不懈追求使赛博格化的进程加速，人们将欣然接纳义体，并与受之父母的肉体重构自我。义体既是肉体的外部空间又是合体后的内部空间，科技的进步终将实现义体对肉体的全部侵蚀，人们将被困在这暧昧不清的义体空间中。

智能导航使得我们越来越依赖数据及人工智能的建议，这种数据的驯化促使我们的海马体也在不断退化，人们像绵羊一样被智慧城市系统这位牧人所驱赶。人类看似是人工智能的主人，但智慧系统将比你更加了解你，它对人的驯化过程也将更加人性化、拟人化和难以察觉。人类的整体智慧往往不会被低估，但个体意识和判断能力常常会被自我高估，因此大部分人将在不知不觉之时或在知觉后仍心甘情愿被驯化为快乐的绵羊。而赛博格化和灵魂数字化也导致人类进一步摆脱自然选择，肉体将成为人们的拖累。勤奋、刻苦等传统优良道德，将在以金钱堆砌的数字化、机械化或生物修补与增强的身体前瓦解。在赫拉利看来，人类通过不懈努力与小麦互相驯化，终于成为其奴隶，而在不远的未来，人们也将被数据所驯服。

在资本与权力的共谋下，虚拟现实、增强现实、物联网与人工智能等技术可能会以智慧城市、未来社区之名构建起新的牢笼与牧场，而设计师和艺术家作为这一蓝图的绘制者和建设者，需要时刻警惕，否则将沦为数字驯化与囚禁的帮凶，因此本书不得不提出"解放即将被数据驯服和囚禁的人类"。

在列斐伏尔看来，在20世纪的都市革命中，日常生活的艺术化是实现人类解放的一种选择。而在智慧城市中，传统的公共艺术形态已远不能与智慧城市的驯服与囚禁所对抗，而必须用新的艺术形式来解放。如果说机械复制时代剥夺了人类部分的体力劳动权，那人工智能开启的智能可复制时代则剥夺了人类部分脑力劳动权。在2019年世界人工智能大会上，"双马"（马云和埃隆·马斯克）一致认为，在未来的人工智能时代，人们将从繁重的劳动中解脱出来，将更多的时间投入到类似于艺术这种有创意的、人工智能较难完成的工作中。而本书将探讨智能可复制时代的艺术以及人们如何在由堆栈化的全新公共空间中进行艺术创作，并实现自我解放。

目前，智慧城市的建设与理论更多地侧重于如何提高效率及满足功能上的诉求。但智慧城市不仅要"高智商"也需要"高情商"。智慧城市基础设施与数据可以用于提高城市运行效率，更可以以公共艺术为载体，使个人与社群、个人与城市等进行情感上的连接，满足市民的情感诉求。本书也会论述以智慧公共艺术为核心，如何将公共空间打造成为面向未来的更智慧、更有幸福感的城市空间。

主题为"沟通思想，创造未来"的迪拜世界博览会将于2020年召开，每届世界博览会都会对未来人类发展方向进行展望，并对主办城市的规划与建设产生重大影响。在智慧城市人工智能化的元年，本书将回望2015年米兰世界博览会，对其公共艺术进行全方位的总结，从中可以些许看到公共艺术在未来智慧城市发展中的作用。

向死而生，面对必将加速终结的人类纪，我们做好刹车的准备了吗？

赵华森

2019年于同济大学阿斯顿·马丁拉共达NICE2035创新空间

目　录

第一部分

智慧城市公共空间与公共艺术
的公共性

第一章　智慧城市的空间生产

一、公共空间与共享空间

共享空间并不是一个新的概念，但伴随着数字技术、共享经济等的发展，各种新兴的智慧共享空间作为智慧城市的重要公共空间形式在不断涌现。

在公共性上，由于移动互联网的发展，传统公共空间中的商业模式和社交模式都在产生剧烈变化，城市公共空间的公共性在衰退。采用传统思路构建起的公共空间，对当代城市中人与人交往的影响越来越小，新型的媒介重塑了社会交往结构。在智慧城市时代，利用智慧系统高效管理的共享空间将能改善公共空间的公共性衰减问题，可以重新焕发公共生活的生机，激发城市公共空间的活力。

在公共服务上，共享空间可以将部分传统粗放型的公共空间进行改造，并进行自上而下的精细化运营，也能充分将人工智能与大数据结合，促使公众可以更高效精准地、自下而上地参与运营。公众不应只是一个抽象的群体概念，而应是一个个具体的人，因此共享将替代原有粗略的公共分类，进而提供更精确的服务。

在社群营造上，城市的快速发展和人才的流动，强化了公共空间中人与人之间的陌生感，人们近在咫尺，却可能毫不相干，而移动互联网的普及使人们即使远在天边，也能亲密无间。智慧城市共享空间可以打破时空的距离与亲疏，促进智慧城市公共空间的社群营造。

共享空间可以是公共空间，也可以是私人空间，或公共空间在不同时段被私人或公共所阶段性占有，共享使用权，因此在共享空间里，原有的公共关系被解构与重构。在智慧城市系统中，很多传统的私人空间与公共空间将转化为共享空间，正如未来出行领域中 Uber、丰田、特斯拉等企业构想的未来公共交通的重要形态是共享汽车，在本质上是一个移动的、共享的服务空间和平台。这个空间很难用传统的公共空间、私人空间来进行判定，而是通过精确管理将同一空间在时间维度上划分为私人时刻和公共时刻，未来的街道也将呈现"共享"这一特征。因此在人工智能、5G 时代的智慧城市中，冠以"共享"概念的各种智慧空间形态，或是各种共享服务所依存的智慧空间，将会快速发展，而作为智慧共享空间中的公共艺术或是共享艺术是急需讨论和进行相关创作的。

二、传统街道的升级——智慧共享街道

共享街道

理查德·桑内特（Richard Sennett）认为："我们将不受限制的个人流动当作一项绝对权力。私家车自然是享受这种权利的工具，这给公共空间，尤其是城市街道的空间造成了影响，使得这一空间变得毫无意义，甚至变得令人发狂。"[1] 由于汽车的普及，街道的公共交流功能在不断衰减，斯科特·麦夸尔（Scott McQuire）认为："街道的丧失是重大损失——

1　理查德·桑内特：《公共人的衰落》，李继宏译，上海译文出版社，2014年，第17页。

不仅因为街道是人们最喜爱的公共空间，也因为街道上的社会互动最为复杂多样。"[2] 由于私家车数量的不断提升，街道被设计成"以车为本"，并通过人车分流不断地侵占步行交通和日常公共生活的区域。在 20 世纪 60 年代，英国学者柯林·布坎南（Colin Buchanan）在 *Traffic in Town* 一书中提出了"共享街道"概念，在近 60 年的发展中，共享街道的理论研究不断深入，同时荷兰、德国、日本等国家的新居住街道采用了共享街道这一形式。但在对现有共享街道的案例调查中发现，在降低车速、提高安全性以及增加社群交往上，共享街道的确有促进作用，但对于街道的不同利益相关者而言，也存在着很多困扰，难以充分协调好各方的利益。

在共享街道引入中国的过程中，也存在着一定的水土不服的情况。英国、荷兰的居住区共享街道是基于其特定的街区设计的，而中国现存的是大量高密度的封闭式小区。2016年中共中央国务院文件中提出"开放式小区"，在《北京市城市发展总体规划（2016—2035年）》中的第27条第4款也明确提道："新建住宅推广街区制，原则上不再建设封闭住宅小区。推动建设开放便捷、尺度适宜、配套完善、邻里和谐的生活街区。制定打开封闭住宅小区和单位大院的鼓励政策，疏通道路'毛细血管'，提升城市通透性和微循环能力。"但在实际执行中，由于设计和沟通的不当，引发了用户对街区式小区的不理解，认为其是混乱和不安全的。因此在中国的共享街道设计与建设中一定要引入智慧系统，以智慧共享街道来满足不同利益者的诉求。

智慧街道

智慧街道在中国既是一个规划概念，也是一个行政管理概念。在

2 斯科特·麦夸尔：《地理媒介：网络化城市与公共空间的未来》，潘霁译，复旦大学出版社，2019年，第27页。

2016 年颁布的《上海街道设计导则》中提出了"智慧街道"的目标要求：
"第一，设施整合——智能集约改造街道空间，智慧整合更新街道设施；
第二，出行辅助——普及智能公交、智能慢行，促进智慧出行协调停车
供需；第三，智能监控——实现街道监控设施全覆盖，呼救设施定点化，
提高安全信息传播的有效性；第四，交互便利——设置信息交互系统，
促进街道智慧转型。"在行政管理领域，2017 年中共中央国务院印发的《关
于加强和完善城乡街道治理的意见》中提出，到 2020 年，基本形成基层
党组织领导、基层政府主导的多方参与、共同治理的城乡街道治理体系，
不断提升城乡街道治理水平，增强街道信息化应用能力。依托"互联网
+ 街道服务"相关重点工程，加快城乡街道公共服务综合信息平台建设。
而智慧街道 2.0 版本应该是以上两项智慧街道概念的融合和升级版本，
通过人工智能等技术，实现规划、设计、行政管理与社群组织相统一，
构建起一个弹性的、以人为本的智慧街道。

智慧共享街道

　　综合以上共享街道和智慧街道的研究可以看出，在 5G 时代，依托
于大数据和人工智能，完全可以打造具有使用弹性的，兼顾各相关者利
益的智慧共享街区，在空间体量不变的情况下，实现街道的使用功能的
精细化、智能化管理。

　　谷歌下属公司 Sidewalk Labs 公布了"未来多伦多"（Toronto To-
morrow）总体规划方案（图 1）。其中，在对出行场景的设计中，将无
人驾驶车辆与轻轨设计为共享路权，并通过数据化有效协调自动驾驶的
个人与公共出行。在街道设计上，充分运用数据和人工智能对交通进行
预判，在早晚高峰期增加车辆对道路的使用面积，在低谷时段，让路于人，
例如将道路阶段性地变为户外咖啡店等公共活动空间。

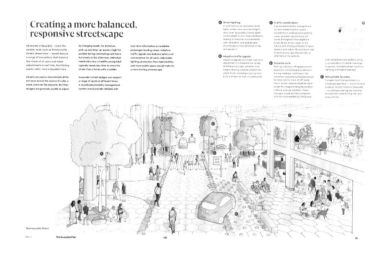

图 1　"未来多伦多"总体规划方案，Sidewalk Labs 公司

未来社区

在 2019 年，浙江省明确提出要启动"未来社区"的建设并印发了《浙江省未来社区建设试点工作方案》，提出未来社区围绕"促进人的全面发展和社会全面进步"，以人本化、生态化、数字化为价值导向，以和睦共治、绿色集约、智慧共享为基本内涵，突出高品质生活主轴，构建未来邻里、教育、健康、创业、建筑、交通、能源、物业和治理九大场景。从已公布的概念设计方案中可以看出，在出行方面，将以 TOD 模式[3]为主，在公共空间利用上以共享空间为主。但究竟如何打造可持续的未来社区，

3　TOD，全称为 Transit Oriented Development，中文译为交通引导开发。TOD 并不是一个新概念，彼得·卡尔索尔普（Peter Calthorpe）在其 1993 年出版的《下一代美国大都市地区：生态、社区和美国之梦》（*The Next American Metropolis-Ecology: Community, and the American Dream*）一书中旗帜鲜明地提出了以 TOD 替代郊区蔓延的发展模式，并为基于 TOD 策略的各种城市土地利用制定了一套详尽而具体的准则。

业界尚未给出最佳答案。在未来社区规划中，有很大一部分为旧社区提升改造。如何重新定义街道的功能、如何将这种毛细血管般的道路升级改造、如何更好协调各方利益等是急需解决的问题。将街道定义为智慧共享街道也许是解决方法之一，将社区部分道路改为共享公共生活空间，采用对社区行人和用户更加亲善的材质、颜色，以及新的物联网技术，实现精准化的空间管理。

在《公共人的衰落》一书中，理查德·桑内特给出的解决方案之一便是"用艺术来补偿伴随着陌生人在街头上、在现代城市的公共领域中出现的死寂与冷漠"。[4] 在未来智慧共享街道上，可以策划临时性的公共艺术等活动，或以智慧公共艺术来承载功能性应用，这将有效地增强未来社区的活力，提升智慧城市的亲和感。

三、从出行到服务，MaaS 所带来的公共空间变革

在出行领域，不仅是街道将逐渐呈现出智慧共享化，公共交通工具也将在未来被"移动智慧共享服务空间"这一概念所替代。在人工智能和 5G 技术的影响下，无人驾驶将逐渐成为可能，车内空间及设计不再以驾驶为核心进行组织，而是回归于移动的空间载体，各种服务都将有可能与出行相结合。"出行即服务"（Mobility as a Service，缩写为 MaaS）将改变传统的出行方式及交通枢纽的设计，智慧共享空间将成为新的交通枢纽和公共出行工具的主要空间形式。

MaaS 概念最早在 2014 年欧洲智能交通系统大会上提出，主要是通过将各种出行方式整合在统一的服务系统里，实现优化出行体验、减少

4　理查德·桑内特：《公共人的衰落》，李继宏译，上海译文出版社，2014年，第3页。

私车出行、最大限度满足不同出行需求的一体化服务。现有 MaaS 研究主要聚焦在如何通过统一的出行信息服务平台构建来打通出行规划、预定、支付、评价等服务，但更需要将 MaaS 放在智慧城市生活方式这一更大系统中进行考量，重新定义出行服务与体验。

移动的服务模块

无人驾驶技术最先应用到公共交通系统中，2019 年已经有 L3-L4 级自动驾驶公交车辆投入试运行。在未来，基于自动驾驶的移动服务空间将是未来公共出行的主要形式，同时，服务与移动空间的模块化设计使得原有服务的旅程图得以转变。丰田公司在 2018 年国际消费类电子产品展览会上发布了"电子调色板"（e-Palette）概念车（图 2）。这款概念车是丰田为应对"移动即服务"而进行的未来规划，这辆车在本质上是一个移动服务平台，可以根据实际要求，在不同地点、不同时间切换服务模块。每个"电子调色板"可以是移动酒店、移动餐厅、移动商店、移动仓储等，而每个服务和应用也可以进行快速切换。

Next Future Transportation 公司推出的模块化公交系统，对出行做了进一步的模块分解和重组。在行驶的过程中，不同车厢模块会根据乘客的服务需求和路线规划进行自动的分离和组合。当多个模块拼接在一起时，可以将各独立空间组合成一个共享空间。在服务模块上，该公司将传统咖啡厅也进行了移动模块化设计，当出行中某位用户需要咖啡服务时，他可以通过手机预约下单，咖啡厅模块会按照预定时间和地点，在行驶的过程中自动与载客车厢相结合，形成一个移动咖啡厅（图 3）。

这种服务模块是可以无限拓展的，可以是移动咖啡厅，也可以是移动剧院或移动美术馆。在 2015 年米兰世界博览会期间，ITX Cargo 运输

（上）图 2　丰田"电子调色板"概念车

（下）图 3　Next Future Transportation 公司推出的模块化公交系统

图 4 "2015 年世界博览会集装箱实验室"现场

公司等赞助了"2015 年世界博览会集装箱实验室"（Container Lab per Expo 2015）。该计划是将集装箱改建为移动艺术橱窗（图 4），在意大利几座城市的街道、公园和广场中进行流动展示。而在未来，如果将这种移动的美术馆或是公共艺术接入这种模块化的无人驾驶出行系统中，则将打开新的公共空间艺术展示和与用户互动的方式，由此，随叫随到的艺术也许便会诞生。

垂直交通系统的变革

除了智慧出行领域，在摩天大楼的建设中，新的垂直交通系统的出现也将改变未来公共空间的形态和组织方式。蒂森克虏伯公司推出的磁悬浮电梯系统（图 5），用磁悬浮替代了传统电梯的牵引绳驱动，因此电梯轿厢可以垂直、水平地沿着轨道进行任意移动，并且一个轨道可以接驳多个轿厢。英国 PLP Architecture 公司基于磁悬浮电梯原理设计了胶

图 5　蒂森克虏伯磁悬浮电梯

囊型磁悬浮电梯系统以及未来摩天大楼。以上系统与未来出行领域的动力来源和模块化设计思路相似，提供了可以与城市交通系统无缝接驳的可能性。

　　Next Future Transportation的公交系统和蒂森克虏伯公司的磁悬浮电梯系统将在未来几年改变人们的生活，如何将这些新的公共交通空间艺术化是相关艺术从业者需要思考的问题。广东时代美术馆曾和广州有轨电车合作，打造了"有轨艺术"专列，其中由英国艺术家组合Circumstance创作的《听见，城市的瞬间》便是利用了GPS定位与声音艺术，打造出和城市景观紧密结合的公共艺术。声音会随车的行驶轨迹而改变，与沿途风景共同构建艺术化的叙事。因此，展望未来，人们可以足不出户，便可与好友一同共享艺术，感受艺术时刻。

四、打造无车的移动都市

可移动的建筑

从出行与建筑融合的角度而言，从 20 世纪中叶开始，建筑界开展了一系列移动建筑的探索。尤纳·弗莱德曼（Yona Friedman）在 1958 年发表《移动建筑宣言》，寻求推翻建筑师强加的专权，提出将设计与规划的权利部分交还与使用者，居住者可以根据他们的需要，在移动便携"装置"的配合下，任意改变如厨房、卫生间、碗碟橱柜等设施，让住房空间迎合各自的喜好和需求，以不同形式自由分割。[5] 英国建筑电讯派（Archigram）彼得·库克的"插入城市"理论将建筑空间设计为标准化胶囊，用巨大的起重机来实现空间与功能的即插即用。以黑川纪章为代表的日本新陈代谢派在其宣言中提出，城市和建筑不是静止的，而是像新陈代谢一样处于动态过程中，1972 年建成的中银舱体楼可以看作是新陈代谢派建筑思想的现实案例。青山周平对北京胡同共享生活进行深度地调研，在"China House Vision 探索家——未来生活大展"上展出了由移动盒子构建的共享社区。青山周平希望这 6 平方米的盒子，可以将私人空间与公共空间自由衔接，为城市中的年轻人打造一个丰富多彩、可自由延展的共享社区。

出行与建筑的融合

同济大学阿斯顿·马丁拉共达 NICE2035 创新空间在 2019 年以"未来出行服务"为课题对 2035 年的城市生活进行展望。在课程中，师生们对未来出行的必要性、方式、服务及与建筑和城市的关系等问题进行了

5　尤纳·弗莱德曼：《为家园辩护》，秦屹、龚彦译，上海锦绣文章出版社，2007年，第27页。

深入的讨论。

在"出行和建筑融合"这一子课题中，我们梳理了建筑和出行交通工具融合的案例，认为随着出行的电动化和无人驾驶化，以及建筑垂直交通的轨道化，未来完全有可能将出行和建筑二者进行融合，即模块化的出行交通工具作为一个生活空间可以相互拼接，构成移动的建筑，而这将有可能解构传统摩天大楼原有的公共空间形态。因为模块化移动交通工具与磁悬浮轿厢可以采用电能来驱动，因此二者可以融合，并在建筑间、摩天大楼外部或内部沿轨道移动，如此一来，嵌入各种服务功能的轿厢可以按照预定要求拼接组合成不同形态的建筑。

在未来智慧城市中，大数据和人工智能等技术将解决弗里德曼移动建筑中使用者自我规划设计与专业能力不足的矛盾困境，因为不需要其进行设计，只需提出需求，由大数据和人工智能来规划空间移动路线和组合方式。建筑的形态不再由建筑师设计，而是智慧城市系统根据每个人的具体需求，由人工智能进行匹配自动生成，因时、因地、因人随时组合或分解。

在未来，由于虚拟现实及增强现实等技术不断发展，相关硬件和服务会普及化，传统的私人空间可以随时切换成混合现实公共空间及工作、娱乐等多种场景；同时各种无人驾驶服务模块也会按需随时上门服务，因此传统意义上的上学、上班以及就医等目的的出行就会减少。马克思曾经提出，资本主义是用时间战胜空间，空间的距离决定了信息、物在传播与运输上的时间。信息技术的发展构建了虚拟空间，在虚拟空间里促成了信息、消费等在空间与时间上的脱离。在虚拟空间里，距离不再是问题，减少了部分传统的出行需求。移动的空间与服务将解决时间与空间在物理层面的矛盾，在未来足不出户就可以满足生活场景的不停切换，仿佛动画片《机器猫》里的"任意门"。

服务与空间的移动模块化可以解决技术快速发展、生活方式及社群的快速变化与建筑更新慢之间的矛盾。同时，这种共享移动公共空间和服务在一定程度上实现了使用权与所有权、区位与土地的剥离，新的共享移动空间生产与组合方式将促成社会组织与生产方式的变革。人工智能等技术、共享等经济与社群组织方式的变革将达到临界点，由此可能会产生社会结构和制度的进化。

在此子课题中，范馨六、奉湘莹、武琳三位同学的 *2035 Nomadic Urban*（图6、图7）以 MaaS 为切入点，以移动的模块、移动的服务为核心，以跨专业视角重新定义不同场景，不再按衣食住行划分，而是统筹化、系统化地对 2035 年的生活方式进行展望。

五、智慧城市公共空间的可达性与可连接性

传统公共空间的可达性

在"第二次世界大战"后，城市空间出现快速而深刻的重构，导致一系列的社会问题出现，公共空间作为一个社会学和政治哲学的概念被提出，进而引起设计界和艺术界的关注。公共空间这一概念在不断地发展，从早期哈贝马斯提出的公共领域，到后人提出并不断阐释的公共空间的内涵及其外延，公共空间从狭义上指的是一个不限于经济或社会条件，任何人都有权进入的地方，即公共空间最重要的属性就是"可达性"。霍华德在《中世纪的城市》中提出"公共空间是具有很少限制的，对所有人是可达的"[6]。卡尔在《公共空间》一书中更是将公共空间的"可达性"总结为实体可达性、视觉可达性和象征意义的可达性。在可达性上，卡尔进一步指出，要允许不同社会阶层、种族和团体都能进入，并且可

---

6 陈竹、叶珉：《西方城市公共空间理论——探索全面的公共空间理念》，《城市规划》2009年第6期，第59—65页。

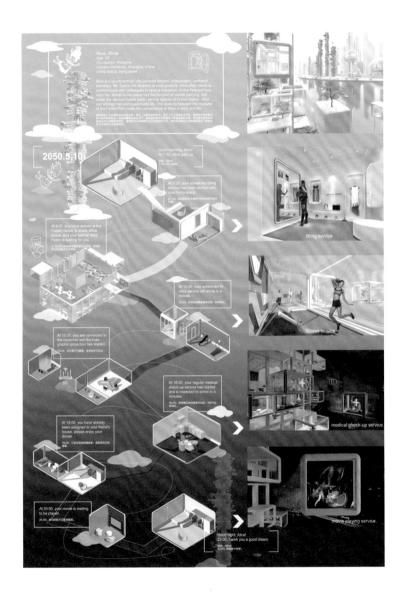

图 6 *2035 Nomadic Urban*
小组成员：范馨亢、奉湘莹、武琳　指导老师：赵华森、傅立志

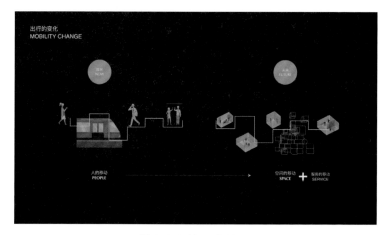

图 7　*2035 Nomadic Urban*
小组成员：范馨亢、奉湘莹、武琳　指导老师：赵华森、傅立志

以行使权力，即在此空间中的行动自由，但这种行动不能超过基本安全
需求。公共空间的"公共"一词是一个政治、经济概念，指的是在所有
权上归公众所有，在政治上具有开放性，最大限度地保证各阶层的可达、
可活动。但这只是个理论上的定义，现实的复杂性和变化性，决定了"公
共空间"这一概念的内涵和外延处于不断变化之中。在实际中，由于经
济和政治原因，并不存在如此严格意义上的公共空间，更多的是私人所
有（但开放给公众），或是公共所有（但未必在政治上达到完全"公共"
的要求）的空间。对公共空间严格意义的探寻并不是要追求终极的实现，
而是在这个理论框架下对当下的广义上的公共空间进行思考。

　　广义而言，公共空间还包括半公共空间（Semi-public Space），即
那些支付有限费用后任何人都可进出的空间或是介于公共和私人之间的
空间，如咖啡馆、动物园、交通枢纽站台、博物馆、公园、世界博览会
园区等。广义的公共空间还包括公私边界模糊的空间，在北京胡同及上

海的弄堂里都会看到这种边界模糊的公共空间，而在共享经济的带动下，新共享空间也会将公共空间的边界进一步模糊化。而这些广义的公共空间的可达性是有条件的，受更多因素的制约和影响。

比特公共空间的可连接性

公共空间的概念也不是一成不变的，随着科学技术的发展，空间（space）的外延也在不断拓展，例如出现了网络空间、赛博空间、平行空间等概念。而在讨论公共空间时，常有人将赛博空间也定义为公共空间。这种数字化的公共空间，的确具有公共属性，但其空间属性已不是由原子构成的物理世界，不是一个空的物理容器，而是由比特（bit）构成的数字化空间。原子公共空间的可达性，在比特公共空间则体现为可连接性，如果套用上文霍华德对可达性的描述，则可将可连接性理解为"比特公共空间应具有很少限制的，对所有人是可连接的"。在理论上，这种可连接性打破了可达性地域的限制而更具有开放性。但在互联网初级阶段，费用高昂的设备及通信服务却成为横亘在贫富人群及地区间的一条数字鸿沟。在这条鸿沟的一边是拥有相应数字设备和生活被数字化的人，另一边则是无法拥有相应设备而被数字技术流放的人群，这条鸿沟制约了比特公共空间的可连接性。同时，也存在着有意回避数字技术的影响，仍坚持过着断网生活的人。移动互联网的发展和移动上网设备的普及在一定意义上填补了这条数字鸿沟，使更多的人可以连接上网，但各种原因仍导致了比特公共空间在某些地区依然是有限的开放及选择性的连接。

智慧城市公共空间的可达性与可连接性

数字化的公共空间在 20 世纪主要体现为一种抽象的空间体验，在感知上是透过屏幕来观察和体验，因此早期数字化公共空间不具备严格意义上公共空间的空间体验感。但在智慧城市时代，虚拟现实和人工智能等技术使得数字化的公共空间的物理空间体验感越来越真实，甚至真假难辨。在智慧城市时代，比特与原子空间相融合将成为智慧城市公共空间的主要特征，国内外专家对这一空间特征进行了概念描述，例如双重空间（Doubling of Space）、增强空间（Augmented Space）和混合空间（Hybrid Space）等，因此智慧城市公共空间也呈现出可达性与可连接性的双重属性。

在智慧城市各应用场景中，对于公众而言可连接性不再是一种选项，而是一种必需，也就是在混合公共空间中，仅仅满足可达性是完全不够的，人们还需与该空间连接起来，否则难以参与公共活动。数据之网将笼罩全城，甚至渗透至每个公共空间及不同的生活场景中。从这个意义上说，智慧城市中再难以寻觅数据孤岛，每一个生活在此的人都将主动或是被动地裹挟进去。在智慧停车场景中会发现，如果没有连接进智慧停车系统，车辆会无法顺利出库，而在其他智慧城市公共空间场景中，如果没有连接进移动支付或没有开放部分个人数据，就无法享受智慧城市的部分公共服务，因此尼古拉斯·尼葛洛庞帝（Nicholas Negroponte）的数字化生存也将进入一个新的阶段，人们会更加心甘情愿地将自己连接进智慧城市系统所构建的矩阵（Matrix）中，并且越加难以逃离。

第二章　作为公共艺术语境的公共空间

一、公共艺术对公共空间的语境依赖

公共空间的语境决定了公共艺术的解读

维特根斯坦在《哲学研究》中就借助"鸭兔头"（图8）图形来说明：如果同一个对象可以被看成是两个不同的东西，那么，这就表明知觉并不是纯粹的感觉。这种对图像符号的认知是概念、经验、思想和所处情境的结合。艺术作品也是由视觉、听觉等被感知的符号所构成，尤其是抽象的视觉符号，其所指的开放性决定了该符号在解读时对语境的依赖更为强烈。观众观看作品的过程，同时也是给这个作品赋予意义的过程。每个人赋予的意义不同，事物向我们显现的面目就会大相径庭。哲学家胡塞尔在《逻辑研究》一书中也举过一个作品认知与情景关系的例子。他说，当我们在蜡像馆中漫步时，我们在台阶上遇到了一个陌生女士，这是一个在一瞬间迷惑了我们的蜡像。而当我们认识到这是一个错觉时，对女士的感知就会转变成对女士蜡像的感知。在这里，感觉材料并没有变，发生变化的是我们的赋予意义的方式。[1]

1　埃德蒙德·胡塞尔：《逻辑研究（第二卷第一部分）》，倪梁康译，上海译文出版社，1998年，第491页。

图8　鸭兔头

　　公共空间是一个场所也是一个语境，有的空间和情景会助力艺术作品被解读，但有的却完全相反。同时，艺术作为公共空间整体语境中的一个元素，可以简单展示或是介入、改造（甚至可以"四两拨千斤"地改造）人们对该公共空间的意义解读，进一步地改变和影响此公共空间的人、空间形态、业态、文化、经济、政治关系等。当代艺术介入公共空间，面临的是解读语境的转换，就像一个符号，当使用场所和语境不同时，它的所指，也就是意义，会产生漂移和变化。置于西方美术馆还是天安门广场，是给阿拉伯地区的公众看还是给西方的公众看，同样一件艺术作品会得到完全不同的解读或是被误读。杜尚的《泉》[2]（图9）

2　另一说是艾尔莎·冯·弗赖塔格-洛林豪芬（Elsa von Freytag-Loring-hoven）创作了《泉》。

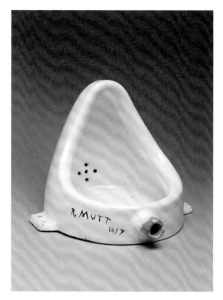

图 9　《泉》，杜尚

便是把一件本属于卫生间的物品提交给纽约独立艺术家协会，如果协会
接受这件作品，则代表他们缺乏分辨艺术品和日常物品的能力；若协会
拒收这件作品，则违反了他们定下的"只有艺术家才有权决定何为艺术"
的规定，这件作品以其观念性而进入了美术史。如果这件小便器脱离了
美术展览机制和艺术传统展示空间这一语境，而回归到了卫生间，《泉》
的作品意义还成立吗？空间或者说场所，是某些当代艺术作品以及公共
艺术成立的重要依据和生效背景。中国美术学院副院长高世名曾经在讲
座中提出"艺术时刻"这一概念，即有些作品在某一特定时刻、特定场
所针对某一特定观众才会以艺术作品的身份生效，而在彼时彼刻对彼人，
其却未必生效，或是以另一种解读而生效。

不同的公共艺术对公共空间的语境依赖程度不同

公共艺术作品对具体展示场所的语境依赖程度不同，以安尼施·卡普尔（Anish Kapoor）为例，他的《云门》（*Cloud Gate*）（图 10）和《肮脏的角落》（*Dirty Corner*）（图 11）便是其中的典型案例。《云门》位于美国芝加哥世纪公园，《肮脏的角落》位于法国巴黎凡尔赛宫内，两个作品名称前者没有明确价值判断，而后者则注明了"肮脏"二字。《云门》造型抽象，被当地公众解读为豌豆，这些符号所指都没有明确指向。作品由高度抛光的不锈钢板构成，像一个镜面，反射着周围的景观和参观人群，所以，只要展出面积允许，《云门》这件作品其实放在绝大多数公共空间都是可行而且生效的。反观《肮脏的角落》，这件作品在标题上有明确价值判断，而展示的空间又是凡尔赛宫花园。凡尔赛宫是法国路易十六和玛丽皇后的居住地，夫妇二人在法国大革命爆发时被革命者送上了断头台。在此我们不对法国大革命进行评价，但在罗伯特·达恩顿的《法国大革命前的畅销禁书》中我们看到，在大革命前夕真正影响法国中低阶层的读物并不是伏尔泰等大哲学家的书籍，而是那些暗含着哲学思考、对教廷与皇室各种下流行为进行描述的色情书。这些"右手读物"在当时的法国十分风靡，这些书籍在满足普通男性性幻想的同时，通过对皇室和教廷腐朽和淫乱的描述颠覆了二者在普通民众心中高贵与神圣的形象，极大削弱了二者的合法性，所以法国大革命在某种程度上而言是窥淫癖的普通人倾覆了淫乱的上层社会。革命者在批判玛丽王后与儿子通奸的同时，其实自身也并不干净。

安尼施·卡普尔如果只是批判一个一般意义上被法国判定为负面形象的公众人物，则不会引此众怒，而他却是以玛丽皇后为突破点，揭了法国全民性的伤疤。所以法国右翼政客、当地议员法比安·博格尔（Fabien Bouglé）在《新观察者》（*Le Nouvel Observateur*）网站上发表

（上）图 10 《云门》，安尼施·卡普尔

（下）图 11 《肮脏的角落》，安尼施·卡普尔

文章，将之称为艺术家"已经对法国宣战"，并呼吁卡普尔"停止针对我们国家的战争"。展览不久，这件巨大钢铁雕塑被喷上了很多带有攻击性的标语。卡普尔要求保留这些充满仇视的标语，作为引发这些行为的"肮脏政治"的警示标志。法国总统奥朗德曾经邀请卡普尔前往爱丽舍宫会面，称这些破坏活动"充满了敌意并具有反犹太特征"。至此，这件作品引发了一系列公众事件，政治涂鸦和相关争论也不断为《肮脏的角落》这件作品添加注脚。如果这件作品不在凡尔赛宫展示，还会有如此激烈的反应吗？凡尔赛宫花园成为这件作品生效的药引。如果在别的公共空间，这件作品就可能会被简单解读为抽象的大喇叭。

二、不同的公共空间可能会成就也可能会毁掉同一件作品

不同的公共空间可能会成就一件作品

同一件公共艺术或当代艺术作品，当在不同公共空间展示时，所得到的解读，或是艺术作品所体现的深度也完全不同。美术馆或博物馆可以成就某些现成品艺术，使其成为艺术，但与公共空间语境结合不佳则可能会毁掉一件作品。2014年6月8日至12月8日，王鲁炎大型装置作品《网》（图12）在摩纳哥海洋博物馆举办的拯救鲨鱼公益项目"人类与鲨鱼"展览中展出。该件作品材料为不锈钢管，重达7吨，完成于北京，切割40余片后运至摩纳哥海洋博物馆现场焊接组装完成。此次展览由侨福艺动主办，侨福艺动创始人兼侨福集团执行董事黄建华先生表示："环境问题与我们所有人息息相关。鲨鱼保护议题的重要之处在于，鲨鱼物种的数量骤降会从根本上威胁到世界海洋环境的健康与平衡。在这些才华横溢的中国当代艺术家的支持下，'鲨鱼与人类'艺术展向人类与这一海洋世界重要成员（鲨鱼）之间的关系提出质疑，并用艺术语

图 12　《网》，王鲁炎

言告知受众、引发思考，挑战人们的惯常认知。"野生救援协会执行董
事彼得·奈兹（Peter Knights）总结道："本次展览意义非凡，必须让广
大公众了解鱼翅贸易的规模，它会驱使人们过度捕捞，从而威胁到某些
鲨鱼物种的生存。每年，多达 7300 万条鲨鱼的鳍被用来烹制鱼翅汤。唯
一的长效解决办法是减少对鱼翅的消费需求。我们下定决心与中国政府、

知名企业家和意见领袖一道，改变这一原本为社会所接纳的消费行为。"
作品《网》被布展在博物馆的主厅，即枢纽地带，所有观众都要出入这
张大网。王鲁炎试图通过一张倒置的大网，赋予海洋博物馆"在水下"
的概念，从而使陈列在海洋博物馆中的所有海洋生物能够在"水"中畅
游和呼吸，而人类却在水中窒息，在人类自己编织的贪婪大网中感受海
洋生物被灭绝时的恐惧与绝望。

这种身份和角度的置换在装置艺术中较为常见，渔网符号与海洋保
护之间的连接比较直接，因此摩纳哥海洋博物馆这一空间语境和展览主
题使得这件作品只能得到一层解读，显得相对单薄。在海洋馆这一语境下，
渔网造型的艺术作品容易被误解为一个有明确主题的展陈或公益广告的
布景设计。主办方侨福艺动在巡展之后，将这件作品摆放进了位于北京
的侨福芳草地购物中心，而这一公共空间语境赋予了该件作品更深刻的
意义，可以说是侨福芳草地购物中心的商业语境挽救和成就了这件艺术
作品。这件作品被摆放在侨福芳草地购物中心地下一层广场上，在楼上
俯瞰，仿佛游荡于商店里的人们在这张网钻进钻出，此时的体验者和观
者很难再联想到鲨鱼或是环境保护，反而会引起更多的思考，如商业是
张网吗？我们在网之中吗？我们是商业的捕获对象？我们是消费社会
或景观社会中的瓮中鳖、笼中鸟、网中鱼吗？我们在购买消费的时候，
是我捕获物品，还是我成了被捕获的对象？这些被这一商业公共空间所
引发的思考，要比不要用渔网这一鱼类杀戮工具捕猎鲨鱼要深刻得多。
不妨想想，如果把这件作品置于海滨浴场，或是露天的海鲜市场，很难
说其有何艺术价值，只能是一个海洋主题的空间设计。

公共艺术与特定公共空间的历史语境关系或为一一对应，或是错位
对应。在一一对应的情境中，作品符号与特定场所只有一层意义的直接
连接，如鱼与网。错位对应则是作品符号与特定场所之间没有直接联系，

而是需要观者根据自我经验建构二者的联系，而这种建构会触发观者在意义建构上的参与性和互动性，需要艺术家对特定场所特定人群有预判能力。预判出有几种链接路径，并且这些链接路径是否是艺术家想要的。例如，渔网与购物中心，二者没有十分显而易见的联系，但是却给了观者解读机会，而不是在视觉和观念上强暴观众，当然习惯被强暴的人容易觉得莫名其妙，总会寻找作品说明，获得安全感，或是直接不动大脑，称之为看不懂的低级艺术。

不同的公共空间可能会毁掉一件作品

班克斯（Banksy）的作品，从街头墙上剥离搬入美术馆的那一刻，就由一件作品变成了文化遗迹或古董了。班克斯的作品多是为了特定街道空间所创作的，*No Ball Games* 便位于英国托特纳姆街头。"no ball games"是英国街头常见的标牌，告知公众此空间不可以玩球类运动。墙面上画的是两个在玩球的儿童，而空中的球则被替换成坏了的"no ball games"标语牌，暗讽这种对公共空间的活动限制是对爱玩球的小孩的伤害。但这件作品从墙面上被偷走，在2014年的伦敦"Stealing Banksy？"艺术展上公然展示，而艺术家本人在自己官方网站上严正声明此次展览和他没有任何关系也没有得到其授权和允许。具有讽刺意味的是展览主办者法比奥·加洛（Fabio Gallo）声称"这使伦敦人民有机会可以看到从未公共展示的20件作品"。班克斯的作品本应属于街头，属于每一个特定环境和当地公众，将其从原墙上剥离而进入美术馆，是对作品的严重破坏。

在2016年，意大利北部城市博洛尼亚（Bologna）当地银行基金会"Fondazione Carisbo"举办了"Street Art: Banksy & Co"艺术展，在展览中展示了多件未经艺术家许可而从墙面剥离下的班克斯涂鸦作品。主办方在新闻稿中说到此举是"保护涂鸦免于时间冲刷"。意大利当地街头涂鸦艺术家 Blu 以"销毁其在博洛尼亚的涂鸦作品"为由表示抗议，在采访中 Blu 强调此次展览犹如试图将"把街头艺术从街头窃走"这一行为合法化，当地权贵主办方的这种做法虚伪地自封为"街头艺术的救世主"，而实际上只是取悦藏家和商人，将艺术家的创作、原属于公众的作品窃为己有，变成生财工具。班克斯的另一件作品 *Donkey Documents*（图 13、图 14）的命运则更加令人唏嘘。这件作品是其在 2007 年约旦河西岸巴勒斯坦与以色列边界线的墙面上绘制的系列作品中的一件，画面中一个荷枪实弹的以色列士兵正在给一只驴检查身份证明，用以讽刺以色列只是通过更加严格的身份检查等安全措施来防范危险，而不是真正从根源上去化解危机。"驴"这一符号并不是随意选择的，而是与所在地的历史语境息息相关。相传玛利亚就是骑着驴到伯利恒生下的耶稣，耶稣也经常骑驴出行。站在这幅壁画的原有的位置便可看到这耶稣诞生地所盖起来的圣诞教堂。因此，原公共空间的语境对解读和体验这件公共艺术作品是十分重要的。但利欲熏心的偷窃者与商人，却将这一作品切割下来，在 2015 年运到英国和美国进行公然展售。此事不禁让人想起敦煌壁画的命运，看似正当的破坏性保护，非法地将窃取合法化。而其另一件位于意大利拿波里地区的《麦当娜与枪》（*Madonna with Gun*）则是在 2016 年被当地市民用透明有机玻璃在原位进行保护。

三、公共空间是各方博弈的战场

公共空间需要将公共这一政治经济概念放在空间的维度进行思考。公共空间不是一个简单的物质空间，更重要的是隐藏在背后的政治、经济、文化等在这一空间上的体现，是各阶层人群可展开活动的空间。对一个公共空间而言，私有还是公有会体现在对公共空间的管理和经营上。在

（上）图 13　*Donkey Documents*，班克斯

（下）图 14　被切割搬入美术馆的 *Donkey Documents*

中国，私有的公共空间，如购物中心、商业区、开放的私人园林等会体现出所有者的个人意志，而公有的公共空间如公园、广场、街道也往往会体现主管领导及当地社群的意志。因此，所谓的公共空间，会体现出某一特定人群的诉求，当公众进入这些空间时，会被管理或隐性地被引导，更有甚者是通过"看不见的手"把某些特定人群和活动挡在该公共空间之外。所以这些公共空间的所有者或管理者的个人意志和审美情趣就会影响到此公共空间中公共艺术的选择。而有些公共空间名义上属于公众，但公众本身也是由不同利益群体所构成，民主投票还是精英决策？多数人对少数人的暴政还是尊重少数派利益？所有者、管理者、使用者、参与者多方的利益如何调和？公共艺术有时会成为博弈武器或博弈的牺牲品。欧洲著名文化创意产业专家皮尔·路易吉·萨科（Pier Luigi Sacco）曾说："公共空间中的艺术能够成为非凡的调节、实验和对话的探索平台。"[3] 无论在中国还是在西方，公共艺术都会面临着几方利益的博弈。

2015 年米兰世界博览会期间，米兰街头便上演了世界博览会支持方与批判方在公共艺术上的博弈，双方都将公共艺术当作抢占公共话语权和扩大影响力的工具，最终甚至演化成了街头对抗。

3　E. Cristallini, *L'arte fuori dal museo*, Saggie interviste, Roma, Gangemi, 2008, pp. 65-66.

第三章　当代艺术与公共艺术的公共性

一、当代艺术与公共艺术在公共性上的异同

　　斯科特·麦夸尔提出："'艺术'如今成了培育新型城市交往的重要领域，其中各种社会关系最受影响。这样的观点取决于转变对艺术的理解，不仅认识到艺术实践与社会运动之间越来越紧密的关联，更认识到艺术实践与日常生活之间历时性的融合。"[1]当代艺术介入日常生活的公共空间，不能被简单地看作展示空间的拓展，更重要的是当代艺术的生活化和生活的当代艺术化。部分当代艺术家不再只是追求在艺术史坐标中的自我价值，而是投身到社会生活这一大众语境，认真思考当代艺术与公众日常生活的关系。我们不能将当代艺术的生活化看作庸俗化，或是延安文艺座谈会艺术观在今天的翻版，生活化的当代艺术是公民社会和当代艺术相互激荡促进的结果。生活当代艺术化是因为当代艺术像病毒一样影响着设计界和部分有国际视野的商界。这种影响使得很多设计借鉴了当代艺术的形式和观念，通过设计将当代艺术融入日常生活。

1　斯科特·麦夸尔：《地理媒介：网络化城市与公共空间的未来》，潘霁译，复旦大学出版社，2019年，第82页。

所以在公共空间会见到很多当代艺术与设计跨界的作品。

从商业运作角度来看，当代艺术往往是先有作品再进行展示和销售，一般是按照"创意—做出作品—展示—销售"的流程来完成商业行为。而一般意义上的公共艺术则往往是"甲方（公共）委托—艺术家创作或策展人选择已有作品—购买或付费—展示"。当代艺术多为个人或私人机构购买，而公共艺术往往由公众部门买单。所以在创意阶段，公共艺术的公共性就已体现出来，而有些当代艺术，虽然表面看起来艺术家不是为公众创作，而是为了艺术史而艺术，但其公共性是隐含着的，其是以艺术史为坐标系，以更长时间轴上的公众为服务对象。因此，从艺术服务对象而言，公共艺术容易被此时此刻此地的特定人群的审美和判断所绑架。即使艺术家有一身本领，而在面对公众时（或甲方在面对公众时）往往会使创作表现得平庸，而同一个艺术家则可在画廊和美术馆系统中去追求更高的艺术成就认可。在传统公共艺术创作中，经常会面临如下问题：如何既能平衡好艺术家、公众、决策者等各方利益，又不会导致作品平庸？而在智慧城市时代，基于智慧感知技术的公共艺术将有可能改变这一局面。

公共艺术普遍为公共部门委托式创作，当代艺术却往往要通过对公众展示，进而从名利场逻辑中获得自身价值实现和价格体现。因此很多当代艺术看似个人化，但在传播方式上却具有很强的公共性。此外，有些当代艺术创作本身就强调公众参与，强调公共性。约瑟夫·博伊斯（Joseph Beuys）的社会雕塑理念便是强调将社会环境作为艺术参与的文本。从这个角度而言，艺术品不再是孤立的物件，而是嵌入到了社会、场所这些文本中，它更具有行动力、冲击力、反省价值和讨论的意义。从约瑟夫·博伊斯一脉下来的当代艺术不再是空间中美化、点缀的摆件，而是与环境、与人、与社会认知等更加深刻的互动。

从创作者角度而言，有的公共空间中的当代艺术从创作阶段就已不是由艺术家个人独立创作，而是借助公众力量共同完成。例如博伊斯的《7000棵橡树》便是发出号召调动了公众历时5年才完成整个计划，在这个过程中还重塑了公众——从1982年的不理解与抗议到后来的几乎人人称道。在这个案例中我们同样可以看到好的公共空间中的当代艺术绝不是为了迎合此时此地人们的趣味，而是站在历史维度上，对更广大的公众负责。

以美术馆等为代表的公共空间常常是当代艺术初次展示和传统意义上的最佳归宿。但其他公共空间也可以成为更好的创作与展示场所，即艺术介入生活，如室外的街道、广场、居住区户外场地、公园、体育场地等；室内的政府机关、学校、图书馆、商业场所、办公空间、餐饮娱乐场所、酒店民宿等。但不同的空间赋予了不同的语境，没有和具体公共空间语境相结合的简单的当代艺术创作和展示常常会使观者不痛不痒，只有很好地和具体环境结合，和当地的文脉、业态、人群身份等紧密结合的作品，才是好的策划或是好的创作与展示。

但好的当代艺术家未必是好的公共艺术家，如何界定自己在公共艺术事件中的定位是非常关键的，尤其是除了视觉艺术经验外，他是否还具备景观设计、活动事件策划、公共公关协调能力。公共艺术对艺术家本身的要求很高，需要很强的综合能力，可以深入浅出，可以创作出既有艺术高度又接地气的作品。从安放在纽约联邦广场的理查德·赛拉的《倾斜之拱》的命运可以看出，对人流动线的不了解，对当地人群生活状态的不了解，生硬地把作品空降，是完全不负责任而且愚蠢的行为。有人将其归为现代主义精英与大众审美的脱离，但反观卡普尔的《云门》雕塑却极为受欢迎。二者在人流动线、与周围建筑关系、营造观众体验等问题上高下立见。

综上所述，当代艺术的公共性决定了当代艺术家可以更好地运用公共空间来进行创作和展示，介入人们的日常公共生活。但公共艺术的公共性又对艺术家本人的综合能力有着更高的要求，因此智慧城市时代的智慧公共艺术可以借鉴当代艺术的最新探索，更好地构建市民的文化艺术生活，同时艺术家要深入了解智慧城市的相关技术和场景运用的可能性，将艺术创作嵌入进智慧城市系统中。

二、公共性——挑战公众还是迎合公众

当代艺术作为公共艺术形式介入公共空间在西方已有几十年历史，并有很多正面案例，如提出"社会雕塑"概念的约瑟夫·博伊斯的《7000棵橡树》和大地艺术代表克里斯朵的《包裹德国国会大厦》等。但有别于此，有的当代艺术家以挑战道德、挑战认知习惯为创作目的或是引人注目的手段，这些作品则常会引起轩然大波。

弗洛伦泰因·霍夫曼（Florentijn Hofman）的《大黄鸭》在2013年引起了公众的巨大关注和喜爱，除了商业推广本身的助力，其作品形象的不具伤害性和可爱的特点也是被公众所喜欢的重要原因。弗洛伦泰因·霍夫曼的作品多将小动物巨大化，与城市公共空间共同构成一种情景和叙事。其延续了波普艺术的思路，创作手法上是当代艺术八股的"小物放大—大物缩小"法，所以如果从学术角度说并无任何突破，在本质上和迪斯尼乐园中的放大的米老鼠别无二致。虽然学术价值不高，却被公众所喜爱和欢迎。这一点正应了尼尔·波兹曼所说的"娱乐至死"。商家在低级取悦中把钱赚了，公共部门在逗乐的过程中，消解了一定的社会压力。

同样是充气作品，反观保罗·麦卡锡（Paul McCarthy）在2014年于巴黎旺多姆广场展示的《树》（图15）就没那么"幸运"。这件装置是巴黎国际当代艺术博览会（FIAC）公共项目的一部分，因为装置被添

加上了委婉的标题《树》，从巴黎市政府到周围的商业联盟，该件作品得到了所有监督公共艺术装置的相关组织的批准。然而在作品亮相的时候，却引起了保守公众的敌视，认为这就是一个肛门塞的造型，是在亵渎他们心目中的圣诞树形象，更有甚者认为肛门塞造型的圣诞树会玷污儿童的心灵。在展览现场，一位男性观众甚至因此打了艺术家三个耳光，随后逃离现场。该件装置也只展示了一天就被破坏了。保罗·麦卡锡的近期作品多用戏谑的手法挑战公众对童话、宗教或政治的认识。其实他的这种作品形象看似低俗，其实反而比弗洛伦泰因·霍夫曼的大黄鸭等作品深刻得多。因为其挑战了公众的习惯认知，引发公众对习以为常的事物与观念进行反思。但当这种习惯被挑战时，往往会引起动物的本能反应——条件反射，自动地捍卫原有认知而反对挑衅，尤其是颠覆了公众认为的"神圣"之物时。

图 15　《树》，保罗·麦卡锡

弗洛伦泰因·霍夫曼和保罗·麦卡锡在 2013 年的中国香港有一次同台较量。中国香港海港城引入了弗洛伦泰因·霍夫曼的《大黄鸭》（图16），而保罗·麦卡锡相近时期参加了由 M+ 策划的，由中国香港西九文化区管理局主办的"M+ 进行：充气！"展。保罗·麦卡锡展示了一件名为《复杂物堆》（*Complex Pile*）的作品（图17）。这件作品引起了中国香港居民的热烈讨论。"M+ 进行：充气！"展览主办方强调通过让公众亲身与这些巨型充气创作产生互动，来提出对公共艺术及公众介入的疑问。展览中的部分作品取材自日常生活，把日常对象加倍放大"充气"到不合比例，令熟悉的东西变得陌生。作品的短暂性则反映人与建筑环境及自然世界的关系，质疑在公共空间里艺术与建筑的性质和潜力。对当代艺术史熟悉的人会看出，这一巨大的作品是希望促使观众反思美景配美物的大众审美习惯，但这件作品还是"伤害"了公众。中国香港学者、作家兼文化评论人陈云激愤地批评这些作品"全是虚伪的、惺惺作态的、不诚实的卑鄙醍醐之物，侮辱香港名声，浪费香港公帑"。而可爱的《大黄鸭》则广受喜爱，霍夫曼说道："在亚洲，一些人每周工作六至七天，这些人需要一些能帮助他们逃离忙碌生活的东西。我认为我的作品具有这种作用。最佳的逃离办法，就是纯粹地享受、玩乐。我认为最需要《大黄鸭》的，就是人们生活得最烦恼的地方。"如商家和作者所愿，海港城正门无论假日还是平时，都挤满了希望与《大黄鸭》拍照的人群。

在中国，大多数当代艺术仍在画廊等空间展示，而在城市公共空间如街道、广场、公园和一些道路节点上，很少看到以公共艺术形式出现的当代艺术。通过分析可以看出，具有批判性的当代艺术在城市公共空间中很难长时间展示，多数为短期和临时展览。这种批判所要挑战的对象常常是当地文化、政府或公众认知，因此往往会引发部分公众反对或

（上）图 16　《大黄鸭》，弗洛伦泰因·霍夫曼

（下）图 17　《复杂物堆》，保罗·麦卡锡

是政府抵制。而作为非临时性的公共艺术多为当地各阶层的"最大公约数"的体现。所以，迎合公众或主管部门趣味的当代艺术比较容易成为永久性公共艺术，而这种妥协又容易削弱当代艺术的实验性和批判性。

近些年来teamLab的泛滥也充分说明了娱乐至死、追求极致感官体验的作品会深受商家和公众的喜爱。在智慧城市时代，完全可以通过数字技术创作出千人千面的，基于不同人的数据画像和趣味而生成的、有深度的公共艺术作品，而不是一味地迁就不同群体的趣味而导致作品的平庸化。

第四章　智慧城市的公共性与公共艺术的使命

一、人机共生时代的公共性

公共空间的公共性由公共空间中人与人之间的互动所体现出来，除了智慧共享空间所呈现出的新的公共性外，随着人工智能与物联网的发展，不再是简单的人与人之间的互动，人工智能作为拟人化的电子产品会介入到这一互动中，而部分人也会逐渐赛博格（Cyborg）化和媒介化，因此必须要认清人机共生时代公共性转变所带来的挑战。

机器伦理：人体外的人机共生

5G 技术使得万物可以互联，预计在 5G 时代人与人之间的通信大概只占 20%，而机器与机器之间的通讯将达 80%。机器间的交流将影响人的判断，甚至替人进行判断。例如在无人驾驶领域，车联网将使车与车可以进行通讯，"车们"可以自行决定行进快慢和路线。人类将让渡自己的权力给机器和算法，用于换取便利和注意力的解放，但由此将引发一个伦理挑战，即内嵌人工智能的机器在面临两难选择时如何做道德抉择？我们仍以无人驾驶为例，当无人驾驶车辆面临危险路况，需要在乘客安全与路人安全之间二选一时，如何进行道德设定？预设优先保证乘客的安全？如果是只要牺牲一名乘客即可保全十名路人生命的情况呢？
难道可以为了保全更多路人，乘客就可以被自己购买的汽车杀害吗？抑
或是人工智能通过人脸识别迅速判断出乘客是一名普通人，而路人是一
名德高望重的科学家，而从功利主义的角度做出牺牲乘客的决定？

　　无人驾驶车辆的道德困境只是我们容易觉察到的例证，5G 和人工智
能的进一步发展将使我们面临更多的"电车难题"。在智慧城市中，我
们将会看到更多嵌入人工智能的机器，机器化的空间无时无刻不在影响
我们抉择或是替我们做出决定。传统公共空间公共性的基础是以人为单
元的公众，人们会根据具体的周边环境、社会规范、自我宗教信仰等做
出抉择。而在未来智慧城市中，公共空间将充斥着大量拥有自主决定权
的机器，我们如何预设这些机器的道德？事实证明阿西莫夫的机器人的
三大定律[1]在现实面前已经无效，而我们将如何构建人机共存时代公共空
间的公共性？

赛博格：嵌入或嫁接人体的人机共生

　　2018 年美国华盛顿大学和卡耐基梅隆大学的科研人员公布了其通过
脑电图和颅磁刺激来实现多人多脑间的合作的研究成果。在人们不见面
不说话的情况下，用脑电波实现意念交流共同完成俄罗斯方块游戏。埃
隆·马斯克曾宣称，人类如果不能与人工智能建立共生关系，他们肯定
会被甩在后面。作为真实世界的"钢铁侠"，埃隆·马斯克在 2019 年

1　第一定律：机器人不得伤害人类个体，或者目睹人类个体将遭受危险而
袖手旁观；第二定律：机器人必须服从人给予它的命令，当该命令与第一定
律冲突时例外；第三定律：机器人在不违反第一、第二定律的情况下要尽可
能保护自己的生存。

公布了其公司 Neuralink 最新研发的脑机接口[2]系统，该系统可以用比头发丝还细的线头将微小芯片植入大脑，用于提升脑机接口的带宽。目前无论是侵入式的还是非侵入式的脑机界面研究，都是将人类进一步赛博格化。

赛博格是 20 世纪 60 年代曼菲德·E.克莱恩斯（Manfred E. Clynes）和内森·S.克莱恩（Nathan S. Kline）提出的概念，用以指生物与生物机电共同组成的生命体，生物身体可以与嫁接机械装置等产生一种复杂而又稳定的互动，该生物机电装置不受意识影响，像身体一样通过自我调节发挥作用。

早期的赛博格是不影响个人意志的功能性替代，例如机械假肢、心脏起搏器等，首先获益的是残障或患病人士，但身体功能的赛博格化会模糊人类的生理特征，进而将瓦解以生理特征构建起的社会秩序与道德体系。通过赛博格化，男性可以拥有女性的生育功能，第三性别人群将愈加壮大；通过赛博格化，弱者能瞬间变为强者，原有的勤劳刻苦等优良品德所导致的竞争优势可能荡然无存，转变成了一场装备竞赛。

另一种赛博格是将人媒介化，对人在认知、情感和思想上进行赛博格化。而意识的赛博格化，会使人们混淆自我认知和机器增强认知，混淆自我情感与由机器通过电信号和化学信号等赋予的虚拟情感。通过脑机接口的干预，可以影响人们的认知与判断，甚至是意志与理性，这将引发对人的个体独立性以及人性的怀疑。

在智慧城市时代，赛博格、空间性和主体性变得更加模糊。在修复重塑型赛博格时代，人机杂糅的身体与外在环境被区别为内部空间和外部空间，例如心脏起搏器容易被病人接受为主体的一部分，而人们也会

2　Brain-machine interface（BMI）

将自身生物体看作人机杂糅内部空间的内部空间及主体的主体。但在智慧城市时代，我们会发现 D. S. 哈里斯所提到的"外部空间"被延展了。即通过脑机接口以及万物互联，机器或是智能机器化的空间被义肢化了。我们将摆脱手工操作，而是像控制肢体一样控制远在万里之外的机器或智能机器化的空间。此时我们作为人的内部空间与主体的边界在哪？

在未来，赛博格技术连同基因技术可以把普通人改造为增强人类，将会出现增强人类与非增强人类并存的时代，而这由技术和金钱构建起的壁垒将有可能彻底终结"人人生而平等"的神话。

人工智能与人的智能的共生

人工智能与人智能的共生现在已初露端倪，例如 Facebook、Twitter 等社交媒体，以及以"今日头条"为代表的信息推荐平台，都标榜自己通过对数据的挖掘，用机器学习和算法进行信息筛选和推送。用户的每一次点击和互动，都会强化某一特定内容信息的推送。从积极的角度或是从这些公司商业利益角度而言，用这种算法推送的确提升了用户参与度，增强了用户的黏性，获得更多的流量和利益。但值得警惕的是，这种算法会使你深陷在某一社群、某一观点或某一领域中难以自拔，局限了视野，助长了偏见。在近几年全球各地的公共事件中可以发现，当市民点击了基于算法推送的社交媒体里某一观点的报道时，类似观点的推文会不断地定向推送给用户，导致用户在虚拟世界里看到的公共话题和言论进一步脱离了事实本身。这种人工智能进一步引发了"回音室效应"[3]，人的认知和判断完全被人工智能所引导，人们生活在由人工智能所建立起的"后真相"（post-truth）世界里。唐绪军提出："在'后真相政治'时代，人们却把这一传统颠倒了过来——首先选择的是代表某种立场的政党或团体，对这一群体在各类议题上的价值观照单全收，然后才形成自己的观点，最后从事实中选择能支持自己观点的那一部分，并加以放大和渲染，而把一切不利于自己观点的部分，统统舍弃。因此，从某种意义上来说，'后真相政治'的本质就是对既有的政治体制和民主决策机制的挑战。"[4]

当下，人工智能的 Deepfake 技术已经可以实现实时的视频换脸功能。而这会进一步加剧人工智能对人类公共生活的影响。在移动互联网时代，真相被公众所能看到的视频和图像所掩盖，而在人人都是自媒体的情景下，一个足够轰动的视频又会在瞬间传播并容易产生重要影响，如果这一技术被滥用，容易引发灾难性后果。

虚拟人与人共生

在社交媒体中还存在虚拟人（也可以称之为数字机器人）与人的共存的现象。我们会发现有人故意在社交媒体创造很多"机器人"冒充人类，利用算法进行自动转发和自动写作并发布。当开发者给予它们指令，这些虚拟机器人就会扮演成相应角色来参与到公共讨论中，而随着人工智能的发展，我们将更难以识别这种机器人，他们会进一步侵入人类的

3　"回音室效应"（echo chamber effect）是指在一个相对封闭的环境里，一些意见相近的声音不断被重复，并以夸张或其他扭曲的形式出现，致使处于该环境中的大多数人认为这些扭曲的信息就是事实的全部。

4　唐绪军：《"后真相"与"新媒体"：时代的新课题》，《传媒观察》2018年第 6 期。

公共生活，影响人们的判断和认知。

数字替身与人的共生

目前我们能看到两种数字替身，一种是在互联网社交或游戏中的数字替身，该类型数字替身追求的是与被代替人之间的差异化，例如在社交 App 中呈现出的美化过的自我，或虚拟现实体验中追求另类角色体验的替身，下文会对此有详细论述。另一种是追求对被替代人完美复制的、长生不死的数字替身。

长生不死是人类的永恒追求，各个宗教都对生死轮回有着各自描述，数字化替身将有可能实现某种意义上的轮回或永生。在 2019 年，美国科技创业公司 Hereafter 就为美国知名作家安德鲁·卡普兰（Andrew Kaplan）制作了虚拟替身"AndyBot"。他们通过视频访谈，尽可能多地采集安德鲁·卡普兰的个人信息，并通过深度学习，让计算机模拟出一个定制版的对话机器人（Chat-bot）。虽然该技术仍处于起步阶段，但仅仅是可以与过世的亲人简单聊天或语音交互就已足够慰藉人心。随着智能语音和 Deepfake 技术的进一步发展，人工智能数字替身将成为逝去亲人灵魂的容器。可以想象，未来的虚拟宗祠将更像一个体验式档案馆，可以随时和祖先对话，实现真正的"告慰先人"。英国连续剧《黑镜》（*Black Mirror*）所描绘的场景及道德危机有可能不久后便会出现。

智能机器人与人的共生

美国有线电视网络媒体公司 HBO 的著名连续剧《西部世界》所描绘的未来人与智能机器人博弈的场景看似遥远，但从已有技术已经可以预判人与智能机器人共存时代即将来临。波士顿动力公司（Boston Dynamics）在 2019 年发布了双足机器人"阿特拉斯"（Atlas）的最新视频，在模拟预测控制器的帮助下，"阿特拉斯"完美地完成了极为复杂的体操动作。如果考虑到智能语音等技术的同步发展，类人机器人有可能在不久后便进入人们的生活。

2019 年，三星公司发布的《三星 KX50：聚焦未来》（*Samsung KX50：The Future in Focus*）报告，对 2069 年的生活方式进行了畅想，大多数应用场景中都看到了机器人的身影，在 20 项预测中还提及了"全天候促进健康的虚拟伴侣 / 护理"，在对 2000 名英国人的调查中，此项获得最希望实现项目的第 7 名。但此份报告对机器人的应用预判仍显保守，因为在未来，由于人工智能与物联网技术的进一步发展，很多日常之物或空间将逐渐呈现智能化、可感知化和可语音交流化，人类必将与看得见的和无法察觉的机器人共存。

2017 年 2 月 16 日，欧洲议会投票表决通过《就机器人民事法律规则向欧盟委员会的立法建议［2015/2103（INL）］》，该建议提出对最复杂的自主智能机器人可以考虑赋予其"电子人"（Electronic Person）的法律地位，在法律上会出现自然人（Natural Person）、法人（Legal Person）和电子人并存的情况。自主智能机器人在法律上将被人格化，是法律意义上的"人"，虽不是实实在在的生命体，但其将依法产生、消亡。但电子人的民事主体是自身，还是和制造其公司或使用者等自然人共同构成集合民事主体？自主智能机器人的法律地位及其权责在学术界、产业界等尚未有定论，但可以预想当自主智能机器人介入人们日常生活中所带来的法律及道德的挑战。

人机共存的危与机

以物联网为特征的人体外的人机共生和嵌入或嫁接人体的人机共生是物理性的，人与机器将是寄生关系，早期人类还是宿主，是计算机辅助人类，但在不远的将来，人类将寄生在由城市大脑和物联网这一巨大的数据矩阵中，未来公共空间的公共性一定是人机共存的公共性。而人工智能和虚拟人是最值得人们警惕的，人类智商及情商进化速度无法与技术进步速度相匹敌，在未来，这种人工智能和虚拟人对我们日常生活的影响将更加无孔不入，更加难以察觉，很容易被政治或商业所利用。

剑桥分析公司利用大数据工具在 2014 年乌克兰大选中成功地对乌克兰选民进行了心理干预，其后又利用大数据对美国选民进行心理分析和干预，帮助特朗普获得总统大选。当下，在人工智能发展和应用的初级阶段，人们在和其博弈中已经尽显颓势，被人工智能及其后台控制人操纵。可以想象在不远的将来，人们将浸没在"数据之海"中，人工智能将借助物联网，将万物智能化和机器人化，将侵入更多的应用场景，进一步侵入我们的公共生活，而智慧城市中混合公共空间的公共性和人类的公共生活都将受到极大的挑战。

因此，最应体现公共性并以此为使命的公共艺术，在智慧城市时代是极为重要的。人机共存既然可以为商业攫取利益，被政治势力所利用，艺术家们也可以以其为媒介，以其为工具，用艺术构建起某种体验或发起公共艺术活动，用以唤醒和解放人类。

同时，赛博格和人工智能有可能会导致新的阶级变化，金钱不再化名为资本或以公司为生命体来划分阶级，而是转化为赛博格化的人与普通人、与人工智能结合或设计人工智能的人与普通人这几种阶级，且赛博格化的人与人工智能结合或设计人工智能的人很有可能是同一个群体。我们从科技树可以预判出未来智慧城市和人类自身的发展走向，面对人工智能及赛博格化的诱惑，人们必将是欲拒还迎。因此本书不得不提出"解放即将被数据驯服和囚禁的人类"。

二、解放即将被数据囚禁的人类

米歇尔·福柯（Michel Foucault）认为杰里米·边沁（Jeremy Bentham）
设计的"全景监狱"⁵是将权力运作模式空间化，狱警观看的单向性确立
了权力的绝对权威。而在前些年，这种全景监狱的空间权力结构被遍布
的监控摄像头所升级，构成了全视监狱，人们的公共生活处在无所不在
的监视中。

在 2013 年某日，艺术家徐冰被法制节目中公共摄像头的画面所吸引，
由此他打算创作一部以监控视频为素材的影像作品。2015 年，徐冰发现
了某款可以实时查看全球大量的监控视频的 App，并从中获得大量素材
用于《蜻蜓之眼》（图 18）的创作。徐冰敏锐地发现了由信息技术引发

图 18　《蜻蜓之眼》，徐冰

5　米歇尔·福柯：《规训与惩罚》，刘北成、杨远婴译，生活·读书·新
知三联书店，2003 年。

的城市媒介的新变化，公共空间中的市民不自知地成了真人秀节目的演员，呈现出一个现实版的《楚门的世界》。在采访中徐冰曾说："这部影像作品以世界现场为依据，重现了1998年电影《楚门的世界》的想象。今天的世界真的变成了一个大影棚，无数的摄像机每天产出大量的真实至极的影像，成为我的影像作品创作取之不尽的资源，也为我提供了全新的影像作品制作方式的可能。而影像作品制作越是进入尾声，越让我有一种不安，我们与这些从未谋面的人们是一种怎样的关系？我们在做什么？边界在哪儿呢？"

艺术家葛宇路的作品《对视》也是对监控系统的抵抗和反思，他搭建脚手架，爬到与监控摄像头同高并与摄像头对视。在接受采访时，葛宇路说："往常监控都是来监视我们的，我是不是也可以看它？在这里我质疑的是一种监控的权力。我对它并不能做出实质的改变，我只是盯着它，争取盯几个小时把背后看我的人看出来，或者说我们之间能够有一瞬间的对视。"

上述监控还未被人工智能所赋能，今后由人工智能武装的监控视频将更加恐怖，在这一城市空间中，人们将全方位地被自我产生的数据贴上标签，在感知器遍布的空间中无所遁形（图19）。城市中看似由陌生人聚合而成的公众，在智慧城市系统面前无疑是数据"裸奔"的一个个具体的"熟人"。在2019年的中国，人工智能无疑是最火热的词汇，人们普遍将人工智能看作第四次工业革命的核心驱动力之一。政府作为产业规划的制订者与人工智能企业一同在大力推进人工智能的发展及商业化应用。人工智能在以"AI+""AI赋能"的口号中不断侵入人们日常生活场景。中国人工智能企业巨头"旷视科技"的校园人脸识别场景化概念演示引起了"是要智能还是要隐私"的风波。该课堂教学评价系统，将通过人脸识别、行为识别、表情识别等技术，通过对课堂实时视频进

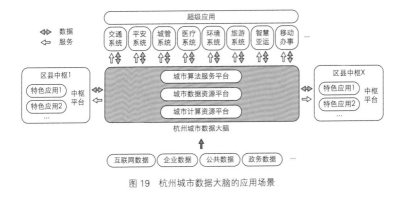

图 19 杭州城市数据大脑的应用场景

行数据结构化分析，反馈学生行为、表情、专注度等数据。该概念演示引起了学生及家长的恐慌，他们怀疑这是打着为了提高学生学习成绩的幌子，实质上进行着隐私侵犯和窃取个人数据的勾当。

这种可以监视甚至将人进行数据化标签的系统无疑有助于管理者提高管理效率及风险防范能力，也有利于商家获得更精准的用户画像，便于进行更有针对性的营销，而普通公众则容易成为隐私侵犯的对象，因此美国和欧洲部分国家尝试立法来杜绝由强大利益驱动的人工智能监视系统在公共空间的蔓延。美国公民自由联盟于 2019 年 6 月发布了《机器人监视的黎明》（*The Dawn of Robot Surveillance*）报告。该报告指出美国已经安装了数以百万计的监控摄像头，政府可以利用人工智能来实现对公民的监控。旧金山成为美国第一个完全禁止执法机构和执法人员安装、激活或使用任何与警官摄像头或警官摄像头收集的数据有关的生物识别监视系统的城市。但"旷视科技"的这次事件只是一次未来人工智能监控人类，对人们进行数字囚禁的预演。在未来，人们的隐私边界、社会的道德边界将有可能被智慧城市所重构。

为了不断完善机器学习图像识别的能力，相关人工智能公司都在进行机器学习分类器频频犯错的对抗样本研究。同时，很多反对通过监控进行人脸识别的黑客也在用这种方式进行抗争。在 2017 年，俄罗斯某公司技术总监格里戈利·巴库诺夫（Grigory Bakunov）与其他黑客共同开发了"反面部识别算法"（图 20），该算法可以借助面部化妆的方式进行干扰。比利时鲁汶大学的研究者也创建出了对抗图像（图21），当人们佩戴该对抗图像块时，可以在 YOLOv2 检测器下"隐身"，即无法识别。但这种抗争都是阶段性的，任何该路径的抵抗都成了人工智能的陪练者。

监控摄像头是容易察觉的，这种可视而且直观的监视容易引发大众的警惕，但马克·波斯特（Mark Poster）在 20 世纪 90 年代便指出，数据库已经构建起了"超级全景监狱"，人们只要与数据库相连监视就发生了。在智慧城市时代，无处不在的智能感知设备在空间中将织起一张数据感知之网，使人们更加难以逃遁。因此，在智慧城市中，人类在享受便捷的同时，又必须时刻警惕着数字对人们的囚禁，而作为未来的公共艺术形态，具有智慧感知能力或是与智慧城市、智慧城市大脑深度融合或博弈的智慧公共艺术将是解决方案之一。

三、解放即将被数据驯服的人类

根据列斐伏尔的空间生产与都市革命，我们需要生产什么样的空间？空间不仅仅具有物理属性，更重要的是其社会属性和精神属性。当代都市的公共空间的组织与形态是市场经济生产方式的产物，表面上是以人为服务对象，但实际却是服务于由市场经济所制定的生活方式和生产方式。人们的日常生活被市场经济生产方式所塑造，而公共空间不仅仅是其载体，更重要的是公共空间还是这种社会关系和生产

（上）图 20　反面部识别算法妆容

（下）图 21　对抗图像

方式的空间化形态。列斐伏尔将 20 世纪资本主义工业社会都市社会的转变称为都市革命，人们被都市生活所驯服。而在智慧城市时代，无处不在的传感器、万物互联、人工智能又为市民织了一张赛博之网，这张赛博之网不同于早期的数字时代，他并不是仅仅由看得见的界面与市民互动，市民作为用户可以选择上网还是离网，而在智慧城市时代，这张赛博之网无孔不入，人们躲不开也逃离不了。正如我们使用手机导航软件规划出行路线，究竟是我们掌控自己的出行路线还是被数据所掌控？人们看似仍然拥有着最终决定权，但这只不过是在做一道数据给你出的选择题。

在生物学上，集体驯化是指在统一的信号指引下，每一个动物都建立起共同的条件反射，产生一致性的群体活动。而我们仅从目前已有的智慧城市交通场景中已经可以看到，人们像羊群一样被系统所驱赶。在智慧城市时代，我们将越加相信数据和依赖数据，而数据及算法也会伪装成各种形象及服务，以万物互联的方式，隐藏在智慧城市的各个角落，而人们将有可能如条件反射般依照数据的驱使去判断和行动。通过数据，智慧系统将比你更加了解你，它对人的驯化过程也将更加人性化和拟人化，人类的整体智慧往往不会被低估，但个体意识和判断能力常常会被自我高估，因此大部分人将不知不觉，或知觉后仍心甘情愿被驯化。

从心脏起搏器、义肢等案例可以看出，为了追求完美、健康或永生，人们有可能愈加赛博格化，而这些被我们发明的"义肢"们将充当驯化的媒介，人类将被智能城市所驯化。正如现在很多人离开手机或手机断网会感到焦虑、无所适从，我们将更加依赖这些智能硬件并难以脱离，而不是智能硬件更加依赖人类。就像尤瓦尔·诺亚·赫拉利（Yuval

Noah Harari）在《人类简史》中所描述的，看似是人类驯化了小麦并为人类所用，但从小麦的角度而言，是小麦诱惑并奴役人类，使其从野草成为种植面积相当于 10 个英国国土面积的植物。

驯化还分为直接驯化和间接驯化。那些推动智能技术的意见领袖和公司们充当了数据对人类驯化的帮凶。他们在智慧城市这一数字"牧场"中，充当牧羊犬或领头羊，间接驯化着智慧城市中的市民。

自我驯化也是人类进化或退化的关键，人类社会结构的转变和需求导致人类自我驯化，这有可能是为了群体性生活更和谐，现代男性的睾丸激素比万年前的祖先要低，面容上也趋向女性化，而智慧城市有可能成为自我驯化的加速器。除此以外，智慧城市系统的构建还将有可能加重福柯所提及的自我规训现象。从上文中所说的"全景监狱"可以看出，单项注视是一种权力，即使塔楼中没有狱警，人们也始终感觉有人在凝视自己而不敢轻举妄动，从而从心里放弃抵抗，实现自我规训。而在智慧城市时代，这种全景监狱和监控摄像头的凝视已经转化为全方位数字感知，人们将更加无所遁形。如果说加州的反监控生物识别的法律是对监视的抗争的话，那么这种抗争显得幼稚且无力，因为这只是看得见的监控之眼，而智慧城市的智能感知和智能化及物联网化私人设备，将突破私人空间和公共空间的边界，隐藏在各个角落，使人难以摆脱，人们将从言论的自我审查走向日常生活全方位的自我规训。

智慧城市的空间生产，已突破列斐伏尔所构想的几种空间形式。将物理空间与赛博空间融合的混合空间，将画地为牢，使人们被更加禁锢在这一系统中。如果说，移动互联网时代，手机成为人们的某种器官而难以割舍，在未来，人工智能及赛博格之瘾将更加难以戒除。在都市智慧化革命之际，作为人类如何摆脱这种驯服？在列斐伏尔看来，在 20 世

图 22 "利奥波德不评分"投影秀公共艺术活动

纪的都市革命中，日常生活的艺术化是实现人类解放的一种选择。而在智慧城市中，这种传统的公共艺术形态已远不能与智慧城市驯服所对抗，必须用新的艺术形式来解放。

在即将被数据驯服的前夜，已经有个别的公共艺术在尝试对公众进行唤醒。奥地利维也纳旅游委员会于 2019 年 6 月 3 日至 19 日发起了"维也纳不评级"（Unrating Vienna）活动来对抗这种被各种网络评论及数据所误导的旅行选择。该委员会在伦敦地铁站、汽车站、火车站等地张贴广告，希望通过这一活动来促使大家反思究竟是谁在决定你应该喜欢什么，鼓励人们亲自去发现和感受维也纳。除了网络上发起的活动及讨论外，利奥波德博物馆策划了一场"利奥波德不评分"（Unrating Leop-old）投影秀公共艺术活动（图22），将各种差评投射在博物馆墙面上，让人们看到这些带有偏见的评论，引发公众思考。

　　但类似于奥地利维也纳旅游委员会的这种抵抗是远远不够的，我们正处在被数字全面驯化的前夜，必须在还清醒时及时抗争。

第二部分

数字化的公共空间与公共艺术

数字化的人与时空
混合公共空间的艺术作品
媒体建筑：智慧城市公共艺术创作的新平台
智慧城市数据的艺术化运用

第一章　数字化的人与时空

一、数字化的空间

数字化的公共空间

米文·夸恩曾指出，西方城市公共艺术三个阶段：公共场所中的艺术（art in public places）、艺术作为公共空间（art as public space）和公共利益中的艺术（art in the public interest）[1]。随着智慧城市的不断发展，公共空间的定义的外延也在延展，公共艺术或是公共空间中的艺术将被重新定义。正如《艺术介入空间》所提："若我们今日对公共空间提出疑问，并不是说它已经消失，而是说在一些广场、路口，一些都会中的公共空间，甚至意外的邂逅，人与人的公共交流已经不复存在，或是非常少。这样的交流反而在别处进行，因为部分公共空间今日已经转为非物质空间，他不在建筑物内、不在都市架构里、不在固定的点、没有地址，而在通讯的网络或互联网里。"[2] 在 20 世纪末，有人将具有公共性的虚拟空间也归为公共空间，这在数字技术尚不发达时可能略显牵强。但在今天，

1　李建盛：《公共艺术与城市文化》，北京大学出版社，2012年，第76页。

2　卡特琳·格鲁：《艺术介入空间》，姚孟吟译，广西师范大学出版社，2005年，第 18 页。

我们愈加能看到未来数字技术的发展方向，即类似于虚拟现实和增强现实的数字技术必将大规模介入或成为某种公共空间，并且会极大影响公共空间中艺术作品的存在形式。

过去，我们谈论公共空间主要指的是现实的、非数字化的空间，例如米文·夸恩就是在原子公共空间范畴内将公共艺术划分为三个阶段。而随着数字技术的发展，虚拟的、数字化的，以比特（bit）为单位的公共空间开始出现，早期的比特公共空间是将原子公共空间中的某些属性用数字化的方式改造了，主要体现在信息交流上，远距离的人们可以很方便地在网络上进行探讨或分享，形成了虚拟的数字化的公共空间或社区。而当下正在发生变革的是将公共空间的其他体验属性也虚拟和数字化了，并且在智慧城市中，这种数字化是双向的，一边通过各种感知系统自动读取原子世界将其转译成数字化表征，一边又通过物联网等反作用于人们日常生活。

这种变革带来四种新的公共空间形态：一是将全感官体验进行数字化和虚拟化，营造沉浸式体验的虚拟现实式公共空间；二是将虚拟和现实相叠加，形成增强现实式公共空间；三是由增强现实和虚拟现实的加强版——混合现实营造的公共空间；四是由物联网和智慧城市大脑等技术进一步赋能的混合公共空间。

其中虚拟现实式公共空间、增强现实式公共空间都易于理解，以广场这一公共空间为例，如果采用虚实现实技术，体验者戴上设备后感受到自己完全在另一个空间里，而增强现实技术是在广场的体验中增加了一些十分真实的、和现实融为一体的、以视觉为主的虚拟的感官体验。而混合现实式公共空间是将比特世界和原子世界融合在一起，不仅仅是在感官体验上，而是在交互层面，体验者可以通过设备虚拟操作而影响原子世界，原子世界也可以反向影响虚拟体验。而由物联网与智慧城市

大脑等技术进一步赋能的混合空间则相对低调、难以被感官察觉，但这
一混合空间对人们日常生活的影响将更为巨大。人们和智慧城市的交互
界面将被拓展，由可视化界面到声音交互，从通过界面交互到直接与物
的交互，或是物与物的交互。

公共化的私人空间

原子世界的私人空间和公共空间之间的传统边界相对清晰，在法律
上也有一系列规章对人们在两种空间的权利义务进行约束和保障。但在
数字时代，尤其是当有社交功能的沉浸式影像或是增强现实影像进入到
私人空间时，这种原子世界的私人空间之墙便被打破，所有者可以随时
进行私人空间和公共空间的切换。以保罗·塞尔蒙（Paul Sermon）的《通
讯梦境》作品为例，其连接了两个地方的视频，一名观众可以对同床的
另一名参与者的动作做出实时反应，影像如此清晰，仿佛可以触摸到另
一个身体，说明通过互联网技术可以将私人空间赋予公共性。但随之而
来的问题是，被数字技术打开的原子世界私人空间，还有国境概念吗？
是由国家、企业、社群管理，还是由创造者管理？就像微信对人们生活
的影响，试想下，当人们严重依赖虚拟现实空间时，如果被踢出该空间，
并被流放，将是何种感受。

二、告别肉体，为数字替身做艺术

虚拟世界的替身

在数字化虚拟公共空间里，可以实现肉体体验与心智体验的分离，
例如做梦便是身体所在空间和心智感知空间的分离的典型案例。当进入
由可穿戴设备营造的沉浸式虚拟体验时，"无论醒着还是睡着了，我们

都能够同时身处两地——身体所在的地方和心智所在的地方。"[3]

在原子公共空间中，人的身份是相对固定的，但在虚拟现实公共空间中，身份变得复杂，这种身份角色的变化会带来原有公共空间完全不同的体验感，在艺术创作上，方式和思路也会大不同。虚拟公共空间中人们未必是以真实样貌和真实身份出现，此时化身就成为人类在虚拟公共空间的代言人。在沉浸式虚拟现实中，化身会对体验者的心理产生巨大影响。有实验表明，即使是很短暂的体验，如果化身是身材姣好的，往往体验者回到真实世界也会更加注意保持身材。正如日常生活中，视频聊天工具和手机摄影应用会自动美颜，仿佛一面虚拟镜子，被拍摄者皮肤瞬间变好，由此带来的自信会带入到真实世界中。此外，在微信朋友圈经常会看到有人将身材拉长且皮肤经过美化的照片发到朋友圈，甚至成瘾，这种虚拟社交领域的化身，也会使其在真实生活中更加自信。现在的3D扫描技术可以给予你一个与真实自我很像的替身，也可以像做整容手术一样用软件去修改它，甚至用人工智能换脸。体验者的化身可以是其他性别、容貌、种族甚至物种。

当下，公共空间中的人物雕像已从纪念碑上和建筑上走下来，融入公众中，如从古代强调权威的罗马皇帝雕像到罗丹的《加莱义民》，在不久后，数字雕像将可能在虚拟现实公共空间中，成为化身或代理。我们不仅是在买一件艺术品，还是在买另一个"自我"或是另一个身份。数字雕像或是数字替身不再是一种再现，而有可能就是自我，例如上文所提到的美国科技创业公司 Hereafter 为安德鲁·卡普兰制作的虚拟替身"AndyBot"。进一步说，如果我们把这些化身进行数字雕塑创作或是影像创作，会带来何种影响？这些由比特构成的形象是可以零成本无限

3　吉姆·布拉斯科维奇、杰米里·拜伦森：《虚拟现实——从阿凡达到永生》，辛江译，科学出版社，2015年，第12页。

复制的，与很多个"我"共处一个空间是何种感受？虚拟世界中看到的人，有的是由真实的人操控的，另外还可是电脑控制的"幽灵"，这些"幽灵"虽然没有灵魂，但电脑可以通过大数据与人工智能对某一人物的言谈行为进行真实模仿。这些"我"的"幽灵"的行为也会影响到体验者对自我的认识，这些"幽灵"的虚拟行为往往会篡改体验者的记忆，改变行为和认知，当艺术家利用这些幽灵进行创作时，便掌握了改变体验者心智的钥匙，直接对心灵和记忆进行创作。约瑟夫·博伊斯对人类心灵进行雕塑的愿望，即将可以实现了。

在虚拟现实中除了参与其中的各个化身外，还有些代理，即计算机自动生成的人物，而这些人物的言行会严重影响到空间体验、情节发展等。在虚拟空间中，即使体验者知道周围都是代理，其行为和心理仍然会按照从众效应、社会阻抑效应来发展。

人工智能的以假乱真

2019 年，一款名为 ZAO 的手机应用在中国瞬间引爆，此时人工智能换脸技术才被人们广泛了解和讨论。当人们一边沉浸在换脸娱乐的快感中，一边讨论 ZAO 引发的隐私、影像中人的真实性等问题时，业内及相关安全部门早已开始对以 Deepfake 为代表的换脸造假技术的潜在危险进行探讨和防范了。

Deepfake 是一种基于深度学习的人物图像合成技术，该技术运用的是生成式对抗网络（Generative Adversarial Networks，缩写为 GAN）。GAN 是人工智能中一种深度学习模型，该模型通过生成模块和判别模块的相互博弈学习来输出以假乱真的影像。GAN 本来是中性的，并无善恶之分的技术，但不幸的是，它在诞生初始就被目的不良的人所利用。从早期女明星的不雅假视频，到已被永久下架的 DeepNude，该技术已被色情产业链所盯上。网络安全公司赛门铁克（Symantec）指出，今年已有至少三间公司受到 Deepfake 假影片欺骗而造成巨额经济损失。政府安全部门也开始警惕 Deepfake 假视频有可能引发的社会与政治危机。

　　显然，整个社会尚没有一种完全有效的机制来应对这一技术所有可能引发的危机。虽然 Facebook 在 2019 年豪掷千万美元领衔一群顶级院校和公司举行了 Deepfake 检测挑战赛，但人们对这一比赛感到并不乐观。因为 Deepfake 是基于生成式对抗网络模型的，科技人员在提高判别模块时，无疑为生成模块提供了更高水平的训练员。这仿佛是太极阴阳图，二者相生相克，反复无穷。沿着这个思路发展下去只会训练出更加难以识别真伪的换脸视频。

　　虽然我们离《黑客帝国》所描述的场景还很遥远，但人工智能的潘多拉魔盒已经打开，Deepfake 所引发的公共问题只是一场预热，作为艺术家，作为智慧公共艺术的设计者，也许可以在这场博弈中发挥应有的作用。

三、被解构与重构的时空

公共空间的本地化与全球化

　　作为"物"的艺术虽然没有被感知，但它依然存在。其存在却未被感知则对人们几乎没有任何意义。原子公共空间和作为"物"的艺术难以摆脱原子传输的限制，因此，单一的原子公共空间体验必定是本地的，受众群也受地域的限制，原子公共空间的艺术影响范围有限。公共空间需要交流和共享，即使是开放的空间，若没有共享和交流，也很难体现其公共性，比如南极点或者是十分偏僻只有少数人才能进入的某地。而比特是以光速传输，在 5G 时代的智慧城市混合空间中的智慧公共艺术是本地的却可以瞬间实现全球化交互，地理空间不再成为体验交流的最大阻碍,可以在难以察觉的延时中,让世界范围内各民族各角落的人们同时互动体验,因此智慧城市公共空间是本地化与全球化并存的。

超真实的 2.0 与 3.0 版本

让·鲍德里亚(Jean Baudrillard)在 20 世纪提出,超真实是比真实更真实,体现为拟真代替了再现,即在认识论中媒体通过编码所构建起的超真实世界代替了真实的世界,而媒介的变迁使得超真实的版本不断升级。

在虚拟现实公共空间中,事物可以不再被原子世界的重力、速度、质量、时间等所束缚,你面对的已不是由电视、网页等传统传播媒介构建的超真实,而是可以身临其境的超真实 2.0 版本。在此版本中,人已不是旁观而是身处其中。虚拟现实视频中的重力、时间等物理常识都可以被解构与重构,时空在虚拟现实公共空间中变得可编辑。虚拟现实与现实物理体验相结合,构建起更加难以识破的虚拟体验。当我们长时间沉浸在另一时空的超真实中,我们还会对现实公共事务保持兴趣吗?

虽然鲍德里亚宣称超真实导致了真实的消失,但传统媒体超真实与虚拟现实超真实和现实本身之间依然有清晰的边界,且真实仍在。由地理媒介(Geomedia)和空间计算(Spatial Computing)所构建起的智慧城市超真实 3.0 版本则不仅仅是在认识论上超真实替代了真实,而是超真实与真实相融合。本杰明·H.布拉顿(Benjamin H. Bratton)用堆栈(Stack)[4] 来形容这种不同虚拟层叠加在城市空间中这一现象,而智能硬件公司则用实际行动来推进堆栈城市。Magic Leap 公司在 2018 年提出了 Magicverse 概念(图 23),要将互联网从赛博空间中释放出来,融入

---

4 Bratton,B.H., *The Stack: On Software and Sovereignty*, Cambridge MA:MIT Press,2016.

图 23 Magicverse

现实世界中，形成一个基于 5G 的空间互联网，使互联网有了空间属性。在 Magicverse 智慧城市中，空间将由不同的应用层叠加而成，构建和感知的空间内容也与现实世界一一对应。与 Magicverse 对标，华为发布了 Cyberverse 项目。该项目是基于空间计算而衍生的虚实融合场景服务集。Cyberverse 是由物理世界层、物理世界的数字印象层、地理信息层、用户生产内容层等叠加而成，并以其四大核心能力（全场景空间计算、超高精度图、强环境理解和沉浸式渲染）来实现与现实无缝融合的不断更新的超真实。

数字体验复制时代的时空

在 19 世纪，人类曾经感受到摄影术的发明对绘画的影响。当时有人预判摄影的发展会将绘画判以死刑，但历史证明，摄影术的产生反而解放了绘画，使得绘画按照艺术史自身逻辑进一步地拓展了。以此为经验，自然也有人乐观地认为人工智能、增强现实、混合现实等技术，或是类似于 Cyberverse 场景服务集，不会颠覆公共空间中雕塑形式的公共艺术。但在这些技术的驱动下，兼具实际功能与艺术性、线上线下融合的公共艺术可能会进一步发展，而仅作为被观看对象的公共艺术可能会面临转型。从 teamLab 的案例可以看出增强现实或虚拟现实体验公园将在未来愈加普及。瓦尔特·本雅明（Walter Benjamin）在 20 世纪描述了机械复制时代的艺术作品，而今天我们已经开始了数字体验复制时代的创作。

在数字体验复制时代，行为艺术家的作品可以不再用二维的视频或图片来记录，而是通过虚拟现实技术将现场体验记录下来，甚至可以直接用虚拟现实技术来进行创作，实现行为艺术的数字体验复制传播与永生。著名行为艺术家玛丽娜·阿布拉莫维奇（Marina Abramović）在 2018 年中国香港"巴塞尔艺术展"上展出了一件虚拟现实作品 *Rising*（图 24）。当体验者戴上头戴式显示设备时会看到身穿蓝色衣服的玛丽娜被困在一个玻璃水舱里，逐渐被上涨的水所淹没。在上涨的过程中可以看到玛丽娜一直试图和体验者沟通，希望唤起体验者对环境变化、冰山消融的重视，在体验中还会看到海上快速消融、剥落的巨大冰山。相对比另一件关于环境保护的作品，著名艺术家奥拉维尔·埃利亚松（Olafur Eliasson）和地质学家明尼克·罗欣（Minik Rosing）在哥本哈根、巴黎和伦敦等地先后展示了名为 *Ice Watch* 的公共艺术作品（图 25）。该作品每次展示都需要运来十多块来自格陵兰冰川的冰，让观众可以触摸并感受冰块快速地消融。埃利亚松认为感知和身体体验是艺术中最重要的部分，期望通过现场对冰块融化的体验来唤醒人们，现在就开始行动为后代创造稳定的气候环境。在这件作品中，冰块融化的时长便是该作品的艺术时刻。虽然能看到真实的冰，但若缺少面对冰山消融时的那种身临其境之感，即物的体验，则很难达到情景体验带来的震撼感。此外这类作品现场的艺术体验很难存留，主要通过图片和视频记录和传播，体

（上）图 24 *Rising*，玛丽娜·阿布拉莫维奇

（下）图 25 *Ice Watch*，奥拉维尔·埃利亚松、明尼克·罗欣

验的复制成本相对很高。但这并不是在评判两件作品孰优孰劣，而是两件作品采用了不同时代的创作方式。

在机械体验复制时代，"照片当然既消除时间的差别又消除空间的距离。它消除了我们的民族疆界和文化壁垒，使我们卷入人类大家庭。"[5]在数字体验复制时代，身份、时间、空间可以被重构。以上两个时代从生物学角度来看仍然是不同的复制和信息存在方式，从本质上是克隆或是自我复制。但进入人工智能时代，我们开启了数字进化时代，无论是智能还是由深度学习生成的结果，都在自我博弈中不断演化。在人工智能技术加持下的智慧城市中，公共空间的智慧公共艺术创作不再追求永恒不变，不再追求成为时代先锋或经典而期望被人们永远珍藏，而是通过进化实现永生。因为它只是一堆数字编码，或是一个深度学习模型，如不被删除将永远无损耗地流传下去，在数据的供养下自我迭代。

---

5 马歇尔·麦克卢汉：《理解媒介——论人的延伸》，何道宽译，译林出版社，2011年，第151页。

第二章 混合公共空间的艺术作品

一、比特公共空间中的艺术探索和展望

比特公共空间

在虚拟现实时代的比特公共空间里，开放式体验的社交方式演进为沉浸式体验社交。虚拟现实技术使用户得以体验与所在物理空间完全割裂的、不同的时空体验，这种封闭的全包围的体验方式使得其肉体所在的场所变得无关紧要。体验者可以完全身处私人空间，例如躺在家里的床上，却体验着某种公共空间并可与该公共空间的事物进行交互、与他人进行交流。多家公司打造了具备社交功能的虚拟现实公共空间，虽然软硬件技术还有待改善，但以目前对虚拟现实产业投资力度以及 5G 时代的到来，虚拟现实相关应用很快便会有一轮新的增长。

这种虚拟现实公共空间构造方式主要由真实记录和虚拟建模来实现。在 YouTube 推出的 360 度视频平台上，体验者可以通过佩戴虚拟现实设备，观看各种全景视频，里面有很多拍摄公共空间的视频，体验者仿佛置身拍摄现场，作为一名旁观者或主角来体验。从文字时代到图片时代，我们一直在感受信息，现在已到了体验时代，这种由虚拟现实记录的公共空间的真实性是无比震撼的，因此，未来的现场报道新闻很可

能是以虚拟现实的方式进行录播或直播。美国 ABC 广播公司和《纽约时报》都推出了虚拟现实新闻报道 App，以纽约时报的 "NYT VR" App 为例，将智能手机安装在廉价的 Google Cardboard 上即可感受十分逼真的全景体验。该体验不仅可用手机自带的加速计和陀螺仪实现转换观看角度体验全景视频，还可以用耳机感受 3D 音频。受手机屏幕分辨率限制，画面像素感较明显，但沉浸感仍十分强烈，使体验者仿佛置身在某一特定公共空间里。随着虚拟现实的普及，接近真实体验的成本会降低，人们可以穿越时空、角色互换地体验生活，人的阅历将变得更加丰富。身临其境的体验还可能会消解文明、种族间的误解和隔阂。

比特公共空间中的艺术

很多艺术家较早就开始了比特公共空间的艺术探索，艺术家曹斐利用"第二人生"游戏进行比特公共空间艺术创作。在 2007 年"威尼斯双年展"上，曹斐在比特公共空间中化名"China Tracy"（中国翠西）并建立一个名为"China Tracy Pavilion"（翠西中国馆）的虚拟场馆，邀请网民参与互动。在虚拟馆内展示自己游历途中所拍摄的影片、摄影，所做的研究等，在原子公共空间也有一个真实的"翠西中国馆"，观众们在里面可以通过现场的网络装置实时观看虚拟世界，以及通过网络与虚拟世界的观众进行互动交流。

随着虚拟现实技术的不断发展，近些年大量虚拟现实艺术开始涌现。在过去，虚拟现实公共空间中的雕塑可以是 3D 扫描生成，也可以是通过软件建模生成，现在艺术家可以直接在虚拟现实空间中通过 Tilt Brush 来构建出一个雕塑，这项技术使用 HTC 出品的 HTC Vive 作为整套绘画设备，在虚拟空间中用各种特效、笔触的画笔，画出一个立体雕塑。利用这项技术，日后人们可以在增强现实公共空间中随时下载一个雕塑来

图 26　安娜·日丽耶娃在法国卢浮宫用虚拟现实绘画再现《自由引导人民》

观看。艺术家安娜·日丽耶娃（Anna Zhilyaeva）便以此创作了大量虚拟现实沉浸式绘画雕塑作品（图 26）。体验者可以步入其绘画空间，更准确地说，是步入了一个通过虚拟绘画塑造的世界，而不是传统意义上作为一个旁观者观看一件绘画或是一件彩色雕塑。

2019年5G网络就会开始进入商用，Facebook CEO扎克伯格在世界移动通信大会（MWC）上提到，虚拟现实可能会成为"5G时代的杀手级应用"。超快速的数据传输可使虚拟现实内容体验更加便捷。另外，3D打印、光场成像（Light Field Imaging）和3D扫描等技术的不断成熟会促使虚拟空间和原子空间无缝切换，对于一名雕塑系的学生而言，制作雕塑可以不用再"玩泥巴"了（图27）。

另一种比特公共空间艺术的创作方式是利用全景摄像头记录公共空间的场景，利用虚拟现实眼镜让体验者感受现场的真实视听气氛。全景视频拍摄了某个场景，这个场景可以是私人空间，也可以是公共空间。对于电子艺术家、电影制作人克瑞斯·米尔克（Chris Milk）而言，难民

图 27 虚拟现实空间中的雕塑创作过程

营的图片远不如一段沉浸式体验来得更能打动人心。克瑞斯·米尔克和他的团队去到约旦的一个叙利亚难民营，拍摄了一部名为《乌云下的西德拉》的虚拟现实短片，该片在瑞士达沃斯论坛上播映，获得了强烈反响。片中拍摄了一位叫作西德拉的 12 岁女孩在难民营的故事。当身处瑞士高级会场的这些高端人士体验完短片，摘下设备，再环顾四周时，这种时空体验的强烈反差深深打动了他们。视频不再是你面前的一个小窗口，而是此时此刻你就在那里，就身处被记录的那个空间里。如果在瑞士现场的公共空间再安置与视频主题相关、更有针对性的艺术设计，此公共空间的艺术体验将会更加震撼。虚拟现实可以贩卖别人的体验，很容易使体验者换位思考。

　　虚拟现实公共空间不会孤立于原子公共空间而存在，其可以是真实与虚幻、此地与彼地、当下与过去、自我与他者等的混合。虚拟现实公共空间将为设计师和艺术家提供一个魔盒，极大扩充了创作的可能性。

虚拟现实技术是把双刃剑，它的优势在于真实，缺点也在真实。它可以让你感同身受地感动，也可以让你深陷另一个世界难以自拔，对现实变得麻木，甚至混淆虚拟与现实。如果说在虚拟现实公共空间中体验暴力让某些人更加不适、更加反感暴力的话，也同样会让另一些人变得对暴力更加习以为常和麻木。在未来，虚拟现实所带来的真实角色代入感就像科幻片《盗梦空间》或是《黑客帝国》所描述的那样，会触发人们对真实空间体验和虚拟空间体验的纠结。符号将比符号所表示的事物更加重要，正如《黑客帝国》中现实世界的人类叛徒在虚拟现实中吃牛排时说的："我知道这块牛排并不存在，但当我把它放在嘴里的时候，母体会告诉我的大脑说这东西多汁而美味。在九年后的今天，我觉悟到'无知就是幸福'。我希望我所有的记忆都消除，我要成为一个有钱人，并且有一番作为，成为一个明星。"

二、原子公共空间与混合公共空间的公共艺术

在原子公共空间里，艺术作品存在的形态往往也是以原子的形态存在，例如由物质构成的公共雕塑。而在混合公共空间（Hybrid Public Space）里，艺术作品可以以虚拟的形式出现却被感知为物质，并叠加在原子公共空间里，例如东京国立科学博物馆门前的鲸鱼雕塑和 Magic Leap 公司增强现实眼镜演示中的虚拟鲸鱼。东京国立科学博物馆门前的鲸鱼雕塑是传统意义上的公共空间艺术，巨大的实物雕塑立在博物馆的广场上，而 Magic Leap 公司演示视频描述的是体验者戴上相关设备坐在体育馆观众席上，他们看到的是真实的体育馆，而此时一个虚拟的鲸鱼影像投射到观众的眼睛中，在感知时虚拟与现实相叠加，仿佛真的鲸鱼从体育馆地面跃出（图28），但演示视频在发布时便被很多人诟病为特

（上）图 28　Magic Leap 公司的演示样片

（下）图 29　*Undersea*，Magic Leap

效制作，短期内根本无法实现。在 2019 年国际计算机图形和交互技术会议（SIGGRAGH）大会上，Magic Leap 公司发布了最新混合现实作品 *Undersea*（图 29）力图实现在室内体验海底世界。该应用程序可以利用手部追踪来实现手与虚拟环境的互动，当手快速移动时会出现"气泡"，当你抚摸"鱼"时，有的"鱼"会惊慌地逃开，有的会跟着手游动。但由于硬件设备的局限，在效果上仍难以达到当年演示样片的效果。

除了 Magic Leap 公司以外，多家公司都在积极探索如何突破技术瓶颈，实现更大规模的普及和应用。但从目前进展情况来看，虚拟现实设备的普及率远不及预期，增强现实市场更没有达到当年各机构所描绘的爆发性增长。增强现实和混合现实的重要技术节点在于显示。显示软硬件在发展上，虽然已经有较大突破，但仍存在很多短期难以解决的问题，因此限制了增强现实设备的普及。目前的显示器以光学透视显示器为主，该显示器目前存在视场小、深度感知不足、重量和体积大、延迟等问题。尤其是因为该设备是透明显示器，而设备虚拟影像的显示亮度是有限的，虽然设备厂家会采用降低头显的透明度来减少环境光线的影响，但仍然局限了该设备只能在光线较暗的场景里使用，在明亮的户外，尤其是在阳光直射的场景下则完全难以看清。但以手机为代表的视频透视显示器就不会受环境光影响，因此很多户外的增强现实应用都是以手机来实现的。

虽然当下增强现实技术仍显稚嫩，但混合现实技术必将实现技术成熟并大规模普及。我们不禁要问，智慧城市中还需要传统的城市雕塑吗？或是智慧城市由物质构建公共艺术的必要性是什么？其会以什么样的面貌出现？我们同样以上文中海洋主题为例进行对比分析。布鲁克林建筑事务所（StudioKCA）在"布鲁日'流动的城市'三年展"上展出其用废旧塑料组成的鲸鱼雕塑作品 *Skyscraper*（图30）。布鲁克林建筑事务所与夏威夷野生动物基金会合作清理了数次海滩，将在太平洋、大西

图 30　*Skyscraper*，布鲁克林建筑事务所

洋收集来的大量塑料垃圾用于该公共艺术作品的创作。在谈及创作灵感
时，该团队表示，海洋中飘浮的塑料垃圾比在海里生活的鲸鱼还要多。
为了展现塑料污染的严重性，作为水中最大哺乳动物的鲸鱼无疑是最合
适的选择。由此可以看出，有特殊意义和特殊实物体验的原物或材质仍
然难以被作为再现的虚拟影像所代替，正如大英博物馆罗塞塔石碑前总
是挤满了拍照的人，而在大英图书馆里一模一样的复制品却无人问津。
而实物材质或意义上并不特殊的，强调观看、机械运动或沉浸体验的艺
术作品，则采用增强现实或虚拟现实技术可能更为理想，例如前文所提
到的王鲁炎的《网》。

三、混合公共空间中的艺术探索和展望

早期增强现实作品

当下,在视觉感知上,原子公共空间中的影像常常是通过投影或屏幕来显示,随着技术的发展,显示方式已经进一步拓展,增强现实技术已经相对成熟,当软硬件性价比提升时,这种体验效果上的颠覆式变革将大规模叠加进原子公共空间。以建筑外立面为幕布所上演的投影秀,可以认为是混合公共空间艺术在体验效果上的预演。在弱光环境下,投影画面的构图内容与建筑结构紧密对应,例如建筑的窗户是紧闭的,但投影在窗上的动画是基于窗户为背景展开的叙事,例如窗帘拉开,有人出来。而使用例如手机这种视频透视显示器的增强现实设备,就不会苛求现实环境的低照度要求,即使在阳光明媚的室外也能看到类似虚拟与现实结合的效果。另外增强现实技术的互动性和个人体验性给艺术以更大的创作维度。所以在混合公共空间中,从建筑外立面、景观到脚下地面都可以用增强现实技术进行视觉体验的二次加工或替换。

近些年,艺术家已经开始进行探索由增强现实等技术构筑的混合公共空间中艺术的可能性。由于高性能智能手机的普及率极高,因此目前混合公共空间艺术的设备载体主要是以智能手机和平板电脑为主,但在体验过程中由于手机和平板电脑不是穿戴设备,仍需手持,没有很好地转化成"感知器官",因此在实际体验中仍有隔阂感,并且用手举着会有疲劳感。而这种虚拟与现实结合的方式仍然给艺术家提供了创作新方式。我从 2013 年开始持续创作了几件增强现实艺术作品,如 2013 年创作的《山寨式沉浸体验——漂移者的家》(图 31)。该作品运用了增强现实技术,当摄像头对准墙上相应照片时,平板电脑上一段影像被激活,替换了墙上的照片,从屏幕上看实现了虚拟和现实的叠加。该影像是基

图 31　《山寨式沉浸体验——漂移者的家》，增强现实互动影像装置，赵华森

于"山寨巴黎"——杭州广厦天都住宅小区中拍摄的一段艺术影像，体现了对中国山寨式沉浸体验空间营造的思考。

　　2015 年年底在杭州开幕的"迷因城市：骇进现实"首届跨媒体艺术节上，"城市迷因·定点串联终端展"选择的便是用增强现实技术在公共空间进行创作的作品。其中名为 *AR subery* 的作品是将美术馆与地铁站两个公共空间打通，在原子公共空间的地铁站里叠加了虚拟作品，通过增强现实技术活化地铁站空间，营造一个手机观看的虚拟与现实结合的虚拟美术馆。在另一件作品《禁果》（*Apple Careless*）中，吴俊勇等三位艺术家以苹果体验店外立面的苹果标志为虚拟替换对象，体验者通过手机可以看到熟识的被咬了一口的苹果标志演化成了很多有趣的动画与故事。

增强现实与基于位置的服务的结合

　　目前几大互联网科技巨头在增强现实技术上投入大量金钱，增强现实设备的技术瓶颈有望在未来被逐一攻破。而作为虚拟影像，由于其数码属性，其复制传播的边际成本几乎为零。我们可以预见，也许未来的广场上不再新建造城市雕塑本身，而是只建平台或是底座，当我们通过增强现实设备观看时，会显示出一个看上去无比真实的雕塑，该雕塑不仅会动，还可以与观看者互动。甚至在同一智慧城市公共空间，不同年龄的人，不同心情的人看到的雕塑都会不同。其实，此时我们已经可以不将其定义为雕塑，而是一个虚拟人物了。类似于电影《博物馆奇妙夜》的体验不再是科幻想象，而是真的会以增强现实技术为载体，非常低成本地实现。而这些与传统雕塑在体验成本和更新替换成本上完全不是一个量级。不久后，只需一套增强现实设备，而不用依赖影片中法老的"复活黄金碑"，就可以在公共空间中看到一个"复活"的林肯（图32、图

（上）图32　原子公共空间的林肯纪念堂

（下）图33　电影《博物馆奇妙夜》中的林肯雕像

图 34 《精灵宝可梦 Go》

33）。尤其是在人工智能和大数据进一步发展的情况下，对某一人的日常言行进行大数据抓取分析，便可某种程度上在虚拟世界再造此人。

以智能手机为代表的移动设备具有定位功能，发出的信息和数据可以被标注上坐标信息。《精灵宝可梦 Go》（Pokémon GO）是早期较为成功地将增强现实与基于位置的服务（Location Based Service，缩写为 LBS）相结合制作而成的一款热门游戏（图 34）。截至 2019 年第一季度，《精灵宝可梦 Go》累计营收达到 25 亿美元。该款游戏需要玩家根据地图，在城市中到处抓虚拟怪兽，在最疯狂时可以看到大街上到处是拿着手机抓虚拟怪兽的人。从这款游戏的界面和互动方式中，可以看出未来虚拟公共艺术与原子公共空间的结合趋势。

以上这些是最初级的混合公共空间中的作品形态，因为手持设备在视觉体验上是穿帮的，即当不通过设备观看时，就会发现现实世界的本来面目。当头戴式增强现实设备普及时，虚拟将和现实更好地交融。

此外，随着VSLAM[1]技术的发展，增强现实已经可以更好地与原子公共空间融合。例如，市民在智能手机上打开智慧公共艺术平台，当步行到上海外滩时，手机会自动震动提醒（基于LBS），当把手机对准周边建筑，如当对准上海中心大厦时，一个数字3D雕塑出现（基于增强现实技术），并在楼群中穿梭，时隐时现（基于VSLAM技术）与你进行互动。混合公共空间的艺术作品也将会更深入、更广泛地影响人们的日常生活。而如果公共艺术作品是由共享数据构建或是在互动中共同生成的，则所有权也有可能被共享。

全民虚拟公共艺术创作：云锚点（Cloud Anchors）

谷歌公司的ARCore是一个增强现实体验的构建平台，很多开发者基于ARCore进行增强现实开发。ARCore在2019年发布了一项新的成果——持久性锚点（Persistent Cloud Anchors），该技术在原有的运动跟踪、环境理解、光估测来整合虚拟内容与现实世界基础上，还增加了"保存"功能。

持久性锚点可以将用户在现实世界里创作的增强现实物品及其经纬度保存在云端，其他用户可在任何时间在同一地点将云锚点下载到增强现实设备上，即可看到别人所创建的增强现实虚拟物品，并与之互动。该技术完全可以运用到智慧城市公共艺术创作中。基于此技术的创作可以允许用户在公共空间创建增强现实公共艺术作品，并可将作品分享给好友，好友也可以对此作品进行添加或互动，因此该类型公共艺术的形态和交互性也将产生巨大的变化。在同一公共空间中，叠加了多个增强现实作品，真正做到了因时因人的公共艺术,真正实现了人人作为艺术家，人人参与公共艺术创作。2019年，基于此技术的"Minecraft Earth"游戏开始内测，该游戏便是将社交与公共空间增强现实作品创作相结合。

1　视觉同步定位与地图构建

第三章　媒体建筑：
智慧城市公共艺术创作的新平台

　　随着 LED 等技术的不断发展，建筑照明从亮化与美化转向了传播与互动，从凸显建筑物理立面转为建筑立面媒体化和虚拟化。在中国各大城市，多数标志性新建建筑的立面已经成为一座城市宣传的重要载体。这些新兴媒体建筑，完全不同于以往的电影、电视、电脑与手机屏幕等媒介，作为一种新媒体，媒体建筑有着极其特殊的属性。而媒体立面作为媒体建筑的主要表现形式，最近几年在中国各主要城市广泛新建，但由此也引发了很多争论，如光污染、高能耗。目前的媒体立面在内容创作上没有充分考虑到媒体立面的特点，也缺乏与智慧城市其他系统的互动。在经历了政府的"大干快上"以及商业上的"饕餮盛宴"之后，整个业界及学术界急需对智慧城市中媒体立面的公共艺术属性进行研究，从而总结出创作范式和相关标准，规范今后智慧城市中的媒体立面的设计和内容创作，为用好已有媒体立面，更好地创作媒体立面内容奠定理论基础。

一、中国各大城市的媒体立面竞赛引发的争论与隐忧

理念与内容的不足

当下，中国的媒体建筑以 LED 媒体立面为主要表现形式，自从杭州

G20钱江新城CBD核心区媒体立面工程获得巨大成功后，中国主要城市便开始了城市媒体立面大规模建设期，并将其作为重点形象工程进行打造。以深圳改革开放灯光秀、武汉灯光秀等为代表，几十座城市开始了大规模LED媒体立面改造工程。为了城市形象，山东省烟台市更是在2018年提前筹措好计划于2019年开工的亮化工程，以市区两级总投入3亿元的代价，在两个月内完成，赶在春节前完工，并在春节期间被央视新闻频道报道，最终实现了城市宣传和打造夜晚旅游经济的目的。武汉市更是以10亿元的投入，打造了号称涉及500栋建筑的武汉"梦幻江城"灯光秀。但相较于媒体立面的硬件建设速度，其内容创作等研究相对滞后。城市LED媒体立面灯光秀的新奇与巨大体量，短时间内可以掩盖其内容上的平庸和其他负面影响，但当LED媒体立面这一媒介的新鲜度逐渐衰减后，其内容创作的短板将更加凸显。

在2018年城市照明建设与夜游经济发展高峰论坛上，窦林平提出了目前城市夜景照明在建设过程中，在内容创作上存在的一些问题，如光污染、过亮、过炫、色彩太多、动感太强；有的城市夜景照明项目缺乏对城市特质、气质的精准理解和深刻把握，照搬抄袭现象明显，创意缺失，表现手法单一；景观照明建设中没有很好地把握城市居民与外来旅游者的需求，部分城市的灯光对当地居民的生活产生影响等。

目前，如此巨型体量的媒体立面已经建成，拆毁改造又必将耗费大量人力物力，所以如何利用好这些媒体立面的特性，改善其影像的品质和尽量减少媒体立面的负面影响是摆在管理者和内容设计制作者面前亟待解决的问题。

对市民的健康与自然生态的影响

媒体立面不同于传统小型屏幕，其公共属性和巨大体量特征决定了在设计时必须考虑到其对人们日常生活、健康和生态环境的影响。郝洛西教授等曾提出："照明科技发展到今天，已经不仅仅局限于点亮生活，照明研究与应用正在从视觉作用拓展到情绪调节、节律修复等光的疗愈作用。"[1] 运用好照明可以有效改善人们的视觉体验甚至是情绪与健康，但如果运用不当，则会对人们的行为、情绪、健康产生不良影响。

　　城市媒体立面创作是一项极为复杂的工作，远不是传统意义上的电影电视屏幕或舞台背景的影视动画创作。媒体立面嵌入在人们日常生活之中，不同的观看距离、视角、场所中，相同峰值亮度、明度与色彩变化对人们的影响也不同，例如从远距离观看可能是适度的，但在近距离观看时，则有可能造成眩晕等不良视觉体验，甚至会影响道路上司机的驾驶安全。因此，媒体立面内容创作，不仅要考虑主要观看区域及其周边的视觉效果，更应综合地、身临其境地思考其创作对其他城市空间和市民的影响。

　　刘晓希等在《基于情感体验的媒体建筑的交互技术与评价研究》一文中提出："如果要保证审美主体的情感体验首先需要根据观察变量中的视觉立体角的变化范围和媒体建筑所在环境变量的内容，来限制媒体建筑的显示媒介的平均亮度，进而对媒体立面输出内容的闪烁频率进行控制，防止由于输出画面内容的亮暗和色彩的剧烈变化所引起的频闪效应。"[2] 因此，对于媒体立面公共艺术创作者而言，其必须具备一定的建筑、照明、动画、公共艺术的知识背景，系统地思考每一帧、每一像素对周边居民生活的影响。在媒体立面创作中，要谨慎使用大面积白色峰

1　郝洛西、曹亦潇、崔哲等：《光与健康的研究动态与应用展望》，《照明工程学报》2017年第12期。

2　刘晓希等：《基于情感体验的媒体建筑的交互技术与评价研究》，《中国传媒大学学报（自然科学版）》2018年第2期。

值亮度、过多高饱和度色彩以及剧烈动态变化。

由 LED 媒体立面造成的光污染不仅有害于人体健康，而且会破坏植物的生物钟节律，扰乱动物生活习性，例如杭州宝石山亮化工程就导致了生态环境破坏，造成鸟类逃离、虫子泛滥的现象。因此，在媒体立面公共艺术创作中，应尽量避免大面积峰值亮度和高彩度，并且要注意不同媒体立面的位置和朝向，如果是朝向候鸟迁徙路线等严重影响生态的媒体立面，在创作中应尽量保持长时间较暗画面。

二、媒体立面的技术特性与内容创作对策

媒体立面的碎片化、立体化特征与空间叙事

位于公共空间中的建筑天然具有媒介属性，西方中世纪教堂的立面设计便有信息传递的功能。随着屏显技术的不断发展，屏幕作为新的信息传递媒介，开始寄生于建筑。最典型的是布满各种尺寸屏幕的纽约时代广场，碎片化的屏幕附着在建筑上，相互独立，构成了居伊·德波（Guy Debord）在《景观社会》中所描述的典型图景。在 LED 灯光技术和媒体建筑发展的带动下，屏幕由寄生状态转变为与建筑融为一体。虽然单体媒体建筑的屏幕不再碎片化，但多个相邻媒体建筑仍然相互独立，因此建筑群的媒体立面仍呈现出碎片化的状态。这种碎片化不仅仅体现在屏幕的空间分布上，而且硬件参数、媒体立面设计等也往往并不统一，如由于不同建筑物理立面特征差异和设计的差异，导致 LED 安装的方式不同，甚至不同建筑屏幕分辨率、选用灯具参数也完全不同。因此，在进行媒体立面的影视动画创作时，不能孤立地考虑独栋建筑、单个立面的效果，要充分认识到这种碎片化所导致的复杂性，将其与周边环境、其他建筑媒体立面的影视动画内容通盘考虑，在城市空间这一特定语境

中进行创作。可以将临近的媒体立面，通过数字建模的方式整合起来，充分研究不同视角、不同视距下，各媒体立面相互关系，从而创作出相互协调的媒体立面公共艺术作品。

　　由于媒体立面是建筑的一部分，因此不同建筑的媒体立面呈现出不同的空间形态，有的媒体立面为立方体甚至双曲面，而这种屏幕在空间中的复杂形态，给影视动画创作者带来了极大的挑战。例如奥地利格拉茨现代美术馆（图35）就因此引起了争论，这种双曲面且低像素的显示，造成了在很多视角下观者无法看到全貌，不知所云。因此媒体立面影视动画创作者要充分地运用好其立体化的特征，巧妙地借用媒体立面所在建筑的形态、功能或文化历史背景等，进行空间叙事化的创作。

　　目前，中国各地媒体建筑群的内容创作大多借鉴了多媒体戏剧、大

图35　奥地利格拉茨现代美术馆

型实景演出、建筑投影秀等空间叙事经验，在青岛上合峰会开幕晚会上，更是将媒体立面作为多媒体舞台背景进行处理（图36）。但媒体立面所在的公共空间是开放性的，除了设定好的最佳体验地点外，其影响的空间范围极其广大，因此媒体立面的空间叙事更加复杂，同一叙事内容在不同的视角下，甚至会产生错乱，创作者必须兼顾城市中不同视距、视角的视觉叙事体验，不能为了区区最佳观看区域的体验效果，而对更大范围的城市空间制造光污染和视觉垃圾。

媒体立面的 LED 光源矩阵排列与观看视距视角

　　LED 光源矩阵排列大致分为点状点光源、线型点光源和面状点光源分布。由于当下中国多数建筑的媒体立面为改造添加，因此建筑 LED 光源布置方式受限于建筑原有立面，所以我们看到部分媒体建筑 LED 分布或是高垂直密度、低水平密度，或是低垂直密度、高水平密度，造成了每个建筑都有独特的分辨率。水平像素和垂直像素比例差异远大于传统屏幕，所以在创作时需要考虑在不同距离和视角下的观看效果。当视距过近，则画面成条带破碎状，因此观看距离越远像素间距越小，画面完整度越高，所以最近国内新兴的建筑群媒体立面整体改造，多将最佳观看位置选择在江海对岸或空旷的广场以获得最佳分辨率。此外，在创作中如果需要修正水平像素不高的情况，还可以采用改变最佳观看视角的方式，例如由正面向媒体立面改为 45 度角面向，这样可以利用透视关系加密水平像素分布。除了水平像素分布过低的媒体立面，还有水平和垂直像素皆低、垂直像素低于水平像素、水平和垂直像素皆高的几种情况。因此，无论是单体媒体建筑还是媒体建筑群的公共艺术创作，都需要根据实际情况，综合考量来进行影像分辨率的处理。在分辨率与视距的关

图 36　青岛市各建筑的媒体立面 LED 布局

系上，要谨慎处理较近视距的观看体验，例如在画面动态处理上，同一画面物体运动，在远处观看是适当的，但在视距较近、占据大范围视域时只会看到光影抽象地频繁闪烁。

　　但分辨率高低并不是媒体建筑公共艺术好坏的决定因素，如 2001 年德国柏林的"Blinkenlights"项目（图 37），为了庆祝 Chaos 俱乐部诞生 20 周年，临时将 8 层楼，每层 18 个窗户内安装了可由计算机控制的灯泡。其媒体立面的分辨率相当于 8 像素 ×18 像素，但通过抽象的动画语言，仍然获得了非常好的效果。

图 37 "Blinkenlights" 项目

三、媒体建筑公共艺术

媒体立面是公共交流互动的基础设施

我曾经在2007年创作了一组曝光过度作品（图38），是对建筑照明的一种反思。当时的建筑照明在选择性亮化的同时，也是一种有选择的遮蔽，将叙事和宣传以相对内敛的方式传达出来。进入到媒体立面时代，意义的传达愈加直接，中国各大城市的媒体立面也成了世界最大的宣传栏和广告栏。

作为信息的载体，媒体立面的公共性决定了其为最佳宣传平台，因此媒体立面在中国兴盛的主要推手是地方政府和商业机构。作为城市

图38　《曝光过度——天安门》，赵华森

形象、重大活动的展示平台和宣传窗口，大量媒体立面被各种标语、广告、地方特色动画所霸占。但媒体立面绝不是传统宣传栏和广告牌的放大版和动画版。常志刚教授提出："'照明'和媒体建筑不仅顺应建筑之'公共性'的呼唤，而且成为其推手。因此，对于具有公共艺术基因的媒体建筑而言，其核心是公共性和公众的参与而不是审美价值。"[3]马汀·德·瓦尔（Martijn de Waal）认为："电视的出现导致了私有化的兴起和城市公共空间的侵蚀……我们现在看到的发展似乎与此相反：

3　常志刚：《"照明"的"逆袭"——媒体建筑的社会担当》，《照明工程学报》2017年第10期。

'城市屏幕'再次成了公共空间的中心。"[4]因此，媒体立面公共艺术创作必须充分体现智慧城市公共性特征，私有的必须兼顾公共性，这种公共性主要表现在以下几个方面：媒体立面公共艺术的决策机制、内容的公共性、公共互动性等。

从媒体立面公共艺术的决策机制而言，很多地方政府在2018年前后陆续出台市级城市照明管理办法。从杭州、深圳、南京等主要城市的管理办法中可以看出，地方政府主要是以立法形式将硬件上的规划、建设与维护进行约定和落实，但几乎没有提及媒体立面内容如何进行决策，而内容恰恰是最为重要的，没有不断更新的、优秀的内容呈现，一切硬件上的投入都是无效的。

从内容的公共性与观看对象上而言，媒体立面创作者往往重视最佳观看区域的视觉体验，容易忽视媒体建筑周边市民的体验诉求。如何兼顾游客、最佳观看区域市民、媒体建筑周边市民及特殊群体的不同诉求，实现更广泛的共识是媒体立面公共艺术创作者与决策者必须考虑的问题。

从公共互动性而言，公共互动性不仅要体现在前期决策、后期评估等方面，更重要的是在打造智慧城市这一大背景下，如何将媒体立面营造成市民与市民、市民与智慧城市之间交流互动的界面，而不是传统意义上的宣传窗口。

作为智慧城市智能感知公共艺术主要载体的媒体立面

在智能互联网的时代，越来越多的设备都因具有计算、存储、网络等功能而变得更加智能。在各种传感器的辅助下，这些智能终端可以不断地感知周围环境，从而在云端汇聚成呈几何级增长的海量数据。构建

---

4 马汀·德·瓦尔：《作为界面的城市——数字媒介如何改变城市》，毛磊、彭喆译，中国建筑工业出版社，2018年，第119页。

图 39　巴西圣保罗 WZ Jardins 酒店媒体立面，可以根据噪音、温度、周边空气污染情况实时转化为动画，并可以和手机 App 互动

有温度的智慧城市需要将每个人的小数据与大数据进行联通，并以公共艺术的形式，去影响人们的行为和认知，而媒体立面是未来智慧城市公共艺术的最佳载体（图 39）。麻省理工学院感知城市实验室（MIT Senseable City Lab）的卡洛·拉蒂教授（Carlo Ratti）认为可以运用传感器采集数据，并将其在媒体建筑上进行可视化处理，进而重新定义未来的建筑。郝洛西教授提倡将媒体立面内容与该建筑的功能相结合，采用移动终端、自主远程以及自动感应技术实现智能互动体验。常志刚教授提出："媒体建筑将具备这样的潜质：在建筑和城市中实现物理空间与虚拟空间的有机结合，并能够为互动性社交活动提供装置和平台，将成为'智慧生活'的载体。"[5] 古芳在《LED 媒体建筑幕墙在城市公共艺术空间的

5　常志刚：《媒体建筑发展的线索》，《建筑艺术》2015年第1期。

研究》一文中也提出以公共艺术形式出现的媒体建筑幕墙，为艺术家提供了创造城市公共艺术空间的视觉设计新媒介，带给人们与以往不同的体验。因此，媒体立面是智慧城市市民间交互、市民与城市交互的重要艺术载体，而媒体立面的内容创作者和决策者需要从这一角度重新审视。

澳大利亚斯威本科技大学的詹姆斯·贝雷特（James Berrett）在2018年"媒体建筑双年展"论坛上曾提出，媒体建筑要通过抽象影像将不可见元素呈现给人们，引发对城市中不可见因素的讨论。并提出了"影响、形式、方法"三段式内容创作思路。这一思路完全可以通过媒体立面实现信息艺术可视化、信息艺术可感知、信息艺术可交互。同时，需要充分借鉴公共艺术、实验艺术、雕塑、建筑设计、信息艺术设计、实验心理学等学科的研究成果，以多种手段相结合，创作以媒体立面为载体的基于智能感知技术的智慧城市公共艺术。目前，智能感知技术在智慧城市的运用主要集中在如何解决实际问题，而媒体建筑及其立面需要通过智能感知技术，在解决实际问题时兼顾艺术性，将功能性融入公共艺术，实现艺术与科技相统一、相融合。

今后，甚至可以将目前已有、未来将要建设的媒体建筑构建成智能感知技术的智慧城市公共艺术平台，并与各大公司、政府机构的智慧城市系统互通，通过该平台搭建起媒体立面公共艺术在智慧城市中的创作的新范式。目前我国与公共艺术以及智慧城市相关的标准或条例，都尚未对智慧城市公共艺术做出相应的描述与规范，因此可以借媒体建筑及其立面的普及为契机，构建起智能感知媒体建筑公共艺术体系和平台，有助于各级主管公共艺术的部门对智慧城市中具有智能感知功能的公共艺术设计进行规划和管理。

第四章　智慧城市数据的艺术化运用

一、作为素材和养料的数据

高世名在"2018 年国际美术学院院长论坛"上提出几个迫切需要思考的问题："如何重建一种对世界的精微感受力？如何从 20 世纪的历史经验中发展出一种集体性的'公'创造力？如何从今天新型技术媒体的激进现实中，发展出一种充分介入日常世界的新艺术？如何从民众复杂的历史感和现实感中，提炼出一种深度参与社会进程的新艺术？"而智慧城市便是艺术家们不得不面对的新语境。无论是智慧城市还是人工智能城市，有效的数据都是供养这一系统运转的重要养料。

teamLab 的沉浸式体验展览在国内引起很大反响，在中国几大城市巡回展出，因此很多艺术创作团体和艺术及商业机构也顺势而为，力图打造中国的"teamLab"。不可否认 teamLab 的作品构建了一个虚拟世界，在感官体验及互动上无疑是成功的，但这仍然不能归类为智慧城市智能感知的公共艺术。智能感知公共艺术需要充分运用好智慧城市相关技术、软硬件基础设施与数据等，应对新的公共空间形态及公共性进行创作。

智慧城市早期版本各个数据相互独立，缺乏联系与互动。在目前的智慧城市系统中，可以通过智能感知，实时收集天气、空气污染等数据，数据不仅仅可以用来进行城市管理和决策，而更重要的是如何影响智慧城市中人们的行为与认知。在智慧公共艺术的创作中，数据将成为创作素材、灵感来源，甚至是人工智能艺术家赖以生存的养料。因此，智慧城市中所获取的海量数据将促成智能感知公共艺术版本升级。下文将从数据的艺术体验化、被数字改变的景观、从共享空间到共享艺术和智慧感知式公共艺术与决策等方面来初窥未来智能感知公共艺术的可能性。

二、数据的艺术体验化

在智慧城市数据可视化上，同一数据面对不同利益相关者，需要呈现的方式完全不同。智慧城市的数据可视化常常是为城市管理者、规划者或相关企业决策者所设计的。对于决策者而言，数据可视化需要直观、有条理，其互动性主要是为了验证决策的影响等。目前面向普通市民的数据可视化应用往往也是功能性的，但数据不仅可以帮助决策者做出更好的决策，更可以用来构建艺术化的体验，使智慧城市、未来社区可以与市民进行有温度、有情感地交流。在未来，非敏感性的数据完全可以通过可视化或是可体验化的方式，以智能感知公共艺术的形式来影响市民，使市民作为用户以及数据的生产者直接参与到数据可体验化公共艺术的创作中。在 5G 技术和人工智能所加持的物联网的架构中，市民可以通过艺术体验化的数据与城市、与物、与他人进行互动，并借此相互影响，共同生成公共艺术时刻。

当下，有很多艺术家和艺术群体已经开始尝试用数据进行创作。雷菲克·阿纳多（Refik Anadol）是一名来自土耳其的新媒体艺术家，他擅长将数据转化为以媒体立面为载体的公共艺术。他的一件位于波士顿的

作品 *Wind of Boston：Data Paintings* 是用软件将波士顿机场收集来的以风为主的天气数据进行了可视化处理，将数据作为一种创作"原材料"，把环境与城市的互动关系转化为一件公共艺术作品。在 *Virtual Depictions：San Francisco*（图40）中，他又运用参数化设计构建起数字影像雕塑（Data Sculptures），用数据驱动叙事，让不可见成为可见。在为土耳其一家档案馆做的沉浸式体验作品 *Archive Dreaming*（图41）中，他用机器学习算法将170万个文件的关系进行研究和组合，并做沉浸式和多维化处理，使人浸没在百万份文件中，并可以与之进行艺术化的互动。

以上这些作品都是数据艺术可视化、数据艺术可体验化的案例。在未来的智慧城市或人工智能城市中，海量的数据除了可以运用公共艺术作品的形式和方式促进城市管理之外，还可以因人而异、因时而异地渗透进市民的日常生活中，打造一个有温度、能情感感知的智慧城市和幸福城市。

三、被数据改变的景观和社群

智慧城市的建设路径之一就是要打破数据孤岛，将数据世界带入每一个空间、每一个人，进而构建万物互联的智慧世界。斯科特·麦夸尔用地理媒介（Geomedia）来定义这一现象："用'地理媒介'概念指涉由异质化的各种技术（设备、平台、屏幕、操作系统、程序和网络）构成的新的媒介景观。"[1]并将这一概念归纳为四个彼此关联、交叉的维度：融合、无处不在、位置感知和实时反馈。我们可以利用以地理媒介为表

---

1 斯科特·麦夸尔：《地理媒介：网络化城市与公共空间的未来》，潘霁译，复旦大学出版社，2019年，第4页。

（上）图 40　*Virtual Depictions：San Francisco*，雷菲克·阿纳多

（下）图 41　*Archive Dreaming*，雷菲克·阿纳多

图 42 "596 英亩"项目

征的数据,进行智能感知公共艺术平台的建设与作品创作。以下"596
英亩"(596 Acres)等项目,便是利用数据改变景观和社群的典型案例。

　　智慧城市的数字治理可以是自上而下的,也可以是自下而上的。美
国纽约市创立了一套数据驱动的多层次干预措施,成了一个基于数据的
响应都市[2]。在纽约(2011)第 48 号地方法中提出要将城中自有物业的
数据用于可供搜索的数据库与地图,以鼓励在闲置土地上开展食物生产
活动,鼓励开展都市农业。在 2011 年宝拉·Z. 西格尔(Paula Z. Segal)
发起了"596 英亩"项目(图 42),将布鲁克林的公共空置土地的表格
做成了一张地图并公布在网络上,但随着浏览量的递增,人们希望获得

2　史蒂芬·戈德史密斯、苏珊·克劳福德:《数字驱动的智能城市》,车品
觉译,浙江人民出版社,2019年,第86页。

这些地块更多的信息，并获得一定的使用权。随后社区土地使用倡导程序被开发了出来，用于让市民获得所需信息，将闲置地块用于共享农业种植，进而改变社区面貌及景观。"596 英亩"项目是一个公众自发的公共行为，在这个活动中多方获益，空置土地得到了景观改善，社群被凝聚，社区环境也被优化并被注入了活力。

从"596 英亩"项目中可以看出数据在改变社群关系、城市景观方面的力量。在其他国家的案例中也会看到遵循集约用地的原则，将城市中长期闲置用地或空置土地的使用权临时让渡给公众，将闲置地块临时定义为共享空间的案例。英国伦敦 Meanwhile Space 将伦敦大量的闲置用地和闲置商业空间转化为高价值的复合空间，其中的 LJ works 项目中将部分闲置用地开发成社区农场，为利益相关者创造价值。

四、人工智能赋能的公共艺术

人工智能赋能的艺术家

人工智能可以为艺术家提供新的工具、新的创作元素、新的语境和主题。人工智能将成为促使艺术变革的重要因素。

人类的认知局限，决定了当人类面对数量极其庞大的公众时，无法识别和了解每一个具体的人，而是将其进行分类以便于理解，所以当艺术家在做公共艺术时，往往面对的是虚无缥缈的公众。有的艺术家和设计师通过调研、用户画像、工作坊等方式，试图深入了解公众并与之互动，这些行为作为公共艺术活动的一部分无可厚非，但想由此了解每一个人，让艺术对每一个人都生效是完全不可能的。而对于人工智能而言，可以将每一个真实的人抽象为数据表征进行理解，可以把公众解读成一个个具体的人，而这种能力是艺术家所不具备的。因此，借助人工智能，艺术家可以构建起一种新的创作方法，即创建目标和体验方式，人工智能因人而异生成，GAN 对抗优化不断迭代。智能感知公共艺术不再是简单的交互，不是千人一面的作品，而是艺术家设计了一个算法、目标、路径和体验方式，但每个人感受到的视觉特征和体验完全不同。

预先干预式公共艺术

现在的人工智能可以比人类更早预测疾病、污染及交通拥堵等，除了预测，人工智能还可以对目标进行预先干预，从而达到特定目的。在日常生活中，人工智能预先干预已经运用在交通出行领域。人工智能与 LBS 结合的 ETA（Estimated Time Arrival，预估到达时间）技术已经成为各大 App 的基础服务，被应用到智慧出行、物流等场景中。在出行场景中，ETA 技术可以根据实时车流进行预判，并通过调节信号灯来避免拥堵。

人工智能等技术能对人们的社会交往、消费、出行、疾病等进行预判，也能对城市交通、污染、高热量餐饮分布与市民健康关系等进行预判，因此可以通过智慧感知的因人而异的智慧公共艺术实现艺术干预，尽可能提前消除不良隐患，催生好的结果。

智慧感知式公共艺术决策

智慧城市为政府提供了大量的数据，这些数据被用来优化政府决策，优化城市管理，促进城市由"自上而下"的管理变为"自上而下""自下而上"互动式管理模式。在以往公共艺术决策问题上，决策的公共性一直是一块短板。目前的公共艺术决策更多的是看中艺术家或艺术机构的名气和利益关系，而不是基于数据进行科学判断。如何有效地统筹市民、游客、周边社区与企业、政府等公共艺术相关方的利益，如何基于当地特殊情境打造在地的公共艺术，是传统城市公共艺术管理虽经努力却难以解决的问题。而智慧城市系统会为这一公共艺术决策提供大数据，并可以通过数字沙盘来预估相应作品会产生的影响。同时，智慧城市中不同利益攸关方可以更好地互动。因此，智慧城市时代的公共艺术决策的公共性将得到极大提升，改善现有唯名气、唯利益的决策机制。

共享空间艺术绝非艺术租赁的共享艺术

在共享经济之风正劲的 2017 年前后，有多家打着"共享艺术"旗号的艺术租赁公司或艺术银行成立。这些公司或平台并没有理解共享艺术的本质，而是利用共享经济的风口，进行着艺术融资租赁或分时租赁服务的创业。从概念上，他们用"共享"偷换"分时租赁"，而提供租赁的艺术品仍然是传统的绘画作品和雕塑作品。甚至有公司以艺术产权共享及投资的名义，进行非法融资，使投资者损失惨重。本书所提及的共享空间艺术是指在智慧城市时代公共艺术的升级版，是在艺术形式、创作方式、体验方式、所有权等方面的一次全面升级。

在共享时代，公共空间所有权和使用权逐渐分离，使用权将因时因人而被充分地细分。而共享空间中的公共艺术不再追求同一时刻的参与人数的多寡，而是在不同的艺术时刻与不同的、具体的个人产生何种联系。

基于NICE2035未来生活原型街项目我们发起了共享车位艺术计划。NICE2035是同济大学设计创意学院院长娄永琪基于多年社会创新设计研究与实践而发起的一个社区社会创新计划，NICE2035 即 Neighborhood of Innovation, Creativity and Entrepreneurship towards 2035, 意为面向 2035 年的"创新、创业、创造"三创社区，NICE 更意味着"美好生活"。NICE2035 第一个要改造的是四平街道的一个老旧小区。在中国，由于近些年私家车的迅速增长，以及老旧小区停车位严重不足，因此地面停车位与公共活动空间一直在争抢空间，导致停车位与公共活动空间都严重不足。单个停车位面积可以作为小型游戏场所或是停放 10 辆自行车，这完全可以通过智慧社区系统对原有车位进行共享改造。这种共享改造不仅仅是目前已有的将车位信息发布在移动 App 上进行分时租赁，而是线上线下的融合，将其从停车这一单一功能改造为可游戏娱乐等多功能，分时段精确管理的艺术共享车位。这种艺术共享车位，将有可能在未来得到进一步的普及，因为在城市中，很多地面停车场具有潮汐现象，即办公楼在非工作日时，地面车位有大量空余，而居住区的地面车位在工作日的白天也有大量空余。这些特定时段的空余车位可以作为临时车位分时租赁，也可以将其公共艺术化，构建分时公共艺术与公共生活场所。共享空间艺术只有在公共空间中被观看或参与时，公共艺术才是生效的。他面对的是不同时刻的公众，每一个公众在其接触到该共享空间艺术时，就会与该艺术作品产生互动。

五、人人都是艺术家的公共艺术时代

从 PGC 公共艺术到 UGC 公共艺术

从上文提到的当代艺术与公共艺术二者公共性的矛盾中可以看到，传统城市的公共艺术多由艺术家主导进行创作，即"专业生成内容"（Professional Generated Content，缩写为PGC）。而在智慧城市时代，PGC的公共艺术有可能在数量、影响力上减少，取而代之的将会是更多的"用户生成内容"（User-Generated Content，缩写为UGC）公共艺术或"人工智能生成"（AI Generated Content，缩写为AIGC）公共艺术。

这种艺术家危机并不是第一次出现，以史为鉴便于我们看清此次变革。在摄影术发明之后，艺术家便面临着一场重大危机，艺术家引以为傲的写实图像的能力被摄影术给普及了，迫使艺术家探寻新的艺术创作方向。摄影与摄像成了 20 世纪至今最主要的图像生产方式和重要的文化传播及交流方式，并极大地影响了公共生活。随着自带拍照功能的手机的普及及相关手机应用的不断发展，UGC 的图像数量及影响力远超艺术家所创作的作品。

近年来，在 3D 扫描、3D 软件及 3D 打印的影响下，非专业人士，甚至是上过几节科学课的儿童，都能够运用 3D 相关软硬件创作一件写实雕塑。而以写实功底为傲的雕塑艺术家也面临着百年前西方绘画艺术家所面临的转型危机。可以预见，随着 3D 打印技术的发展，普通人的造物能力和创造激情将被充分激发出来，UGC 造物的数量和影响力被极大提升。

随着增强现实软硬件的不断发展，截至 2019 年非专业人士已经可以利用增强现实技术在公共空间制造虚拟物品和图像等内容了，并且可以多人共享并线下实时交互。谷歌公司发布的"云锚点"可在原有的运动跟踪、环境理解、光估测来整合虚拟内容与现实世界的基础上，还增加了"保存"与多人互动功能。加入"云锚点"功能的手机软件 *Just a Line*（图43）可以在公共空间进行多人协同增强现实空间绘画创作，可以通过点击或滑动手机屏幕进行 3D 绘画并分享。

在当下，市民对一些宣传用途的、单纯视觉化的公共艺术常常视而不见，而在增强现实等技术进一步发展的情景下，由艺术家创作的 PGC 公共艺术的影响力有可能进一步降低。而智慧城市中 UGC 的增强现实、混合现实或扩展现实公共艺术将有可能成为更有影响力的公共艺术形式。

人人都是艺术家意味着艺术家作为一个特殊群体即将消失，但这种悲观情绪一定会促使艺术从业者认真反思，从舒适区再度启程，进行新的艺术领域的探索。

AIGC 时代来临

2019 年，微软人工智能"艺术家"小冰化名"夏语冰"在中央美术学院举办了"或然世界"个展，并将出版首部人工智能艺术作品集。微软小冰可以对文字、声音、图像等进行深度学习，从而模仿艺术家进行诗歌、音乐、绘画等创作。除了绘画作品，微软小冰还出版了《阳光失了玻璃窗》等四部诗集。除了艺术领域，微软小冰还成功进入了娱乐、金融、设计等领域，进行内容生产。微软小冰并非个别案例，在 2018 年由人工智能创作的艺术作品《爱德蒙·德·贝拉米肖像》（*Edmond de Belamy*）拍出了 35 万美元的高价。随着人工智能技术的进一步发展，预计由人工智能生成的艺术将越来越多，并且愈加难以识别是否为人类所创作。

图 43 *Just a Line* 手机软件

对于人工智能来说，模仿某一风格极为简单，因此将对艺术家工作方式和自我定位产生重要的影响。在过去，那些创造出一个特定风格就可以一劳永逸，靠重复自我而爆红的艺术家将难以生存。那些学习某一特定风格，稍加变化便自诩的艺术家也将被取代。按照这些传统套路创作和生存的艺术家将不得不面临转型。艺术圈的创新本来就难，而人工智能＋或人工智能赋能看似会协助艺术家进行衍生创作，但却会更快地穷尽某一风格的各种可能。如果说艺术家将退化为创造出某一风格或观念，绘画或雕塑的技能也将被机器人所替代的话，艺术的创作门槛也将变低，人人可以被人工智能进行艺术赋能，成为艺术家。如果艺术家没有找到新的出路，那么艺术家作为一种职业也许会消失不见。

在设计领域，也已经出现了人工智能生成设计。没有任何专业背景的人也可以给人工智能下达最终需要实现的目标，人工智能可以据此生成多套设计方案。生成设计已经被运用在工业设计、建筑设计、平面设计等领域。这种智能化的生成设计将对设计教育及设计行业产生巨大影响，同时这种生成设计也会带来新的人工智能美学。随着人工智能的进一步发展，数字生成的设计及艺术创作将越来越多，艺术家与设计师将面临创作范式的转变。当设计、创作、输出、制造全部人工智能化、一体化后，人人都是设计师或艺术家也将会成为现实。

开源的公共艺术

谷歌的早期人工智能项目 DistBelief 并不开源，但其在 2015 年发布了开源的 TensorFlow 用以替代 DistBelief 项目。TensorFlow 的开放对于谷歌以外的开发团队产生了重大影响。上至 Twitter、空客等大公司，下至人工智能专业大学生，都在使用 TensorFlow 进行训练并开发相关应用。TensorFlow 的终极目标是构建一个与建立网站一样简单的人工智能应用程序。

随着上述技术的不断发展，以及人工智能、增强现实等开源与相关创作与发布平台的创建，我们将可以构建一个开源的公共艺术世界，在这里没有艺术权威，有的只是互相激荡创意，是一个人与人、人与机器共同构建的智能感知公共艺术世界。在2019年世界人工智能大会上，马云和埃隆·马斯克在关于人工智能的对话中虽然有很多不同观点，但在艺术上两者几乎一致认为，在未来的人工智能时代，人们将从繁重的劳动中解放出来，将更多的时间投入到类似于艺术这种有创意的、人工智能较难完成的工作中，而开源的智能感知公共艺术，必将会对人们的生活产生重要的影响。

第三部分

基于混合空间的公共艺术策划：
2015 年米兰世界博览会

无处不在的公共艺术
米兰世界博览会园区中的公共艺术
米兰世界博览会的遗产

第一章　无处不在的公共艺术

在世界博览会期间，整个米兰市为了更好地营造气氛，吸引游客，提升城市竞争力，政府和相关机构在公共空间中策划了一系列的公共艺术活动。例如在交通枢纽上，利用机场和火车站的公共空间策划了系列艺术展览；在广场上和街道上放置了一些和世博主题相关的公共艺术作品。

一、米兰马尔彭萨国际机场

米兰之门

马尔彭萨国际机场是米兰最大的国际机场，每年的旅客吞吐量超过2000万人次。在整个一号航站楼改型之后，米兰马尔彭萨机场被美国认证协会评比为年客流100万至2500万人次级别的"欧洲最佳机场"。之所以能在激烈竞争中获得该奖，除了依靠硬件设施的投资和对旅客完善周到的服务外，更重要的是因为马尔彭萨机场致力于为旅客提供优质的文化娱乐活动，使旅客在旅行过程中感受到艺术的魅力。为了迎接2015年米兰世界博览会，机场对航站楼和机场火车站之间的连接空间进行改造。2009年，由SEA米兰机场集团发起，向社会征集艺术设计方案，希望该方案能使机场空间既可作为艺术空间又可成为米兰的形象门户，

图 44　马尔彭萨国际机场的"米兰之门"

兼具艺术的深度和设计的功能性。旅客在往来的过程中便可以在此空间
欣赏到艺术作品。由建筑师皮耶路易吉·尼可林（Pierluigi Nicolin）、朱
塞佩·马里诺尼（Giuseppe Marinoni）、索尼娅·卡佐尼（Sonia Calzo-
ni）、古丽亚娜·迪·格雷戈里奥（Giuliana Di Gregorio）和艺术家阿尔
贝托·加鲁蒂（Alberto Garutti）构成的设计小组，设计的名为《神奇的
门槛》（*Soglia Magica*）的灯光装置赢得了评委会的认可，并于 2011 年
4 月建成并投入使用。该艺术空间的灯光设计非常巧妙，地面上以矩阵
分布的蓝色 LED 灯象征着机场跑道上的引航灯，在空间顶部的中央是一

扇细条状的天窗，白天可以将自然光引入，并且在天窗处设置了喷雾设备，在自然光和顶部白色 LED 灯的照射下，雾气仿佛一组由虚线构成的门帘，并可以随着风或是人们的走动而飘逸变化。这件艺术与设计的跨界作品在给艺术空间提供照明的同时又给予了旅客很好的互动艺术体验。这个占地面积达 900 平方米的艺术空间被命名为"米兰之门"（*Porta di Milano*）（图 44），成为米兰给予飞抵此地旅客的一份文化惊喜和作为艺术设计之城的第一印象。

　　该空间在世界博览会期间策划了一系列的公共艺术活动。在世界博览会开幕之际，此空间展示的作品是马克思·多里戈（Max Dorigo）创作的名为《为人类的艺术》（*Arte per l'umanità*）（图 45）的多媒体装置。该影像从 2015 年 4 月 23 日展览至 6 月 20 日，是运用多媒体手段重新解读意大利著名艺术家朱塞佩·佩雷兹·达·沃尔佩多（Giuseppe Pellizza da Volpedo）的代表作——《第四等级》（*Il Quarto Stato*）（图 46），该作品被当地议员选定为世界博览会首月的标志性作品。这件影像作品就像一场在"米兰之门"上演的多媒体戏剧，通过新媒体技术，重新诠释了《第四等级》，带给旅客惊喜。《第四等级》最终完成于 1901 年，绘制的是一群游行的无产阶级，从黑暗处走向光明，走在最前面的还有一名怀抱婴儿的女性。这件作品是源于艺术家 1891 年的一张名为《饥饿使者》的油画草稿，描绘的是由于饥饿而上街游行的工人和农民，与草稿不同的是，走在前排最右的年轻人被换成怀抱婴儿的妇女，光线也做了调整，把画面前部的阴影去掉，并强化后暗前亮的空间光线，仿佛在人群迈向的前方有正义之光在引导。但艺术家对这张作品仍不满足，尤其是在经历过 1898 年 6 月至 9 月的米兰工人阶级起义与被镇压后，朱塞佩·佩雷兹·沃尔佩多下定决心在原有基础上再次创作。此次画面中的无产阶级不再如前两幅那样是普通闲散的人流，而是神情更加坚定、步

（上）图 45　《为人类的艺术》，马克思·多里戈

（下）图 46　《第四等级》，朱塞佩·佩雷兹·沃尔佩多

伐稳重，体现了无产阶级的智慧、强壮与团结。

主办方之所以选择对这件作品进行再创作，并作为该公共空间迎接米兰世界博览会开幕的展览，原因有以下几点：一是这件作品和米兰的关系紧密，原作就陈列于米兰的二十世纪博物馆，创作的缘由也是因为米兰起义；二是原作是关于饥饿及由饥饿而引起的一系列社会问题，或者说由于一系列社会问题而造成的饥饿，这一主题刚好与本届世界博览会"食物"主题相关联，选择此作品，可以在米兰历史和社会更深层次上去探讨本届世界博览会主题；三是这件作品的构图和透视刚好与此空间相契合，仿佛画中人群从远处走来，而人群的动作又与此空间中旅客匆忙走过相呼应，离影像近的旅客也成为影像装置作品的一部分而被观看和解读；四是政治正确，在 2015 年意大利中左翼民主党、意大利人民党等中左翼党派势头正劲，而此幅作品描绘的正是无产阶级工人农民的正面形象，讨好广大中低层群众。

在 2015 年 6 月 29 日，一个新的项目在"米兰之门"进行展示。意大利米兰当地的一家设计工作室——七巧板工作室在"米兰之门"设置了一个名为 *Working on Your Emotion* 的巨型 3D 全息影像装置（图47）。该工作室将这一装置设计成舞台效果，通过多媒体技术来展示米兰的标志性建筑、艺术与文化，吸引了众多旅客驻足观看。全息影像内容由 7 个不同的片段构成，时常约 30 分钟，从早上 8 点播放到晚上 10点。在影像中重现了米兰艺术家福斯托·梅洛蒂（Fausto Melotti）的雕塑作品《七智者》，这件作品曾在 1959 年"米兰三年展"时展出过，但在 1964 年时有两个人物雕塑被破坏，后来米兰市政府和马尔彭萨机场所有者 SEA 米兰机场集团资助了作品修复，并于 2013 年在马尔彭萨机场"米兰之门"展出。此次展览通过多媒体的手段，使得这些静态雕塑动了起来——缓慢升起和沉入地中。另一个有趣的主题是菲利普·大卫利

图 47 *Working on Your Emotion*，3D 全息影像装置，七巧板工作室

奥（Philippe Daverio）的介绍米兰大教堂的全息影像，通过 3D 技术展示了米兰大教堂的历史与建造技术。此外，用全息戏剧的手法展现了意大利音乐家安东尼奥·卢奇奥·维瓦尔第（Antonio Lucio Vivaldi）作品音乐会。

由米兰马尔彭萨机场委托，费登扎购物村、唯泰集团、震旦博物馆、SEA米兰机场集团、PAC画廊和米兰市政府合力支持，并由乐大豆（Davide Quadrio）策划的"王功新影像展"于2015年7月10日至9月6日在马尔彭萨机场"米兰之门"举办，此次展览展出的是新媒体艺术家王功新于2008年创作的影像作品《向前》（*Foreword*）（图48）。该作品使用多台投影仪投向若干块幕布，影像的内容是大尺寸的匆忙行走的普通中国公民的背影，他们仿佛走在一条无穷无尽的路上，离你而去。他们虽然正在不断运动，但他们要去哪儿，中国要往哪里去？这些是王功新想让观众思考的问题。这件作品非常适合机场这个语境，途经的旅客会从该作品中看到自己的影子，引发观者的想象和反思，例如最基本的哲学问题：我们是谁，我们要往哪里去？这件作品和之前马克思·多里戈对《第四等级》进行多媒体再创作的作品形成了呼应，都是关注中低层人群的作品。一个是向观者远去，一个是向观者走来；一个是对百年前作品的再解读，一个是表现当代人的生活状态；一个是代表西方的意大利艺术家作品，一个是代表东方的中国艺术家作品。前后两件作品在主题与形式上十分契合，但遗憾的是鲜有旅客能恰好都看到这两件作品，通过作品的对照能更深刻地理解作品和主办者的策展理念。如果将两件作品同时在此空间展出且互为对应，应该会更加精彩。

这种行走的影像作品其实有很多，例如汉斯·欧普·德·贝克（Hans Op de Beeck）在1998年创作的影像作品《决心》（*Determination*）（图49），拍摄的是一家四口人朝着观众方向不停地奔跑，但却仍旧停留在原地。在当时意大利面临难民危机、人口老龄化等危机语境下，这件作品里将会有更深刻的解读。如果能将这件作品也借来在米兰马尔彭萨机场的"米兰之门"空间进行展示将更加精彩。三件"奔走"作品的创作时期不同，所阐述的问题也不同，但都与机场这一空间语境极其吻合，策划成一个以旅行为主题的系列联展将会更好地提升马尔彭萨机场的知名度。

在2015年10月15日，作为米兰世界博览会期间的收官展览，希利顿·希沙克（Helidon Xhixha）在机场"米兰之门"空间里展示了一件为本届世界博览会打造的装置作品《永恒》（*Everlasting*）（图50）。这件作品由两部分构成，将达·芬奇的著名绘画作品《最后的晚餐》作为背景，前部放置了13件金属柱状雕塑，这13件雕塑与《最后的晚餐》

（上）图 48　《向前》，王功新

（下）图 49　《决心》，汉斯·欧普·德·贝克

图 50 《永恒》，希利顿·希沙克

中的人物一一对应，除了犹大是用亚光的耐候钢铸造外，其余雕塑都采
用不锈钢抛光制作。其中代表耶稣的雕塑体积最大。《最后的晚餐》位
于米兰市圣玛利亚德尔格契修道院内，是达·芬奇最知名的作品之一，
而这件作品又恰好与本届世界博览会所关注的"食物"主题相关联，因
此《最后的晚餐》被艺术家和设计师不断重构和利用。在这种国际性大
型活动中，当地文化资源的深厚就体现了出来。对这些艺术资源或是品
牌化的艺术符号的再利用会极大助力扩大当地的影响力。以《最后的晚
餐》为主题进行再创作，暗示世界博览会即将结束，同时又将金属雕塑
命名为《永恒》，一语双关，体现了虽然这是耶稣最后一次与门徒们共
进晚餐，但作为圣经故事和著名绘画作品，其却是永恒的，另一方面也
表达出虽然米兰世界博览会即将结束，但米兰世界博览会所展现出的精
神将是永恒的。

机场航站楼内的公共艺术

除了"米兰之门"这一连接机场与火车站的艺术展示空间外，在机场航站楼内还策划了一系列其他的公共艺术。2015年5月13日至9月13日，在一号航站楼里举办了平面设计师兼摄影艺术家安德列·罗瓦蒂（Andrea Rovatti）的"米兰的肖像——重构的想象"（Portraits of Milan, Recomposing the Imaginary）摄影展（图51）。两张照片构成一组，此次展览一共展示了30组作品。每组中的一张照片是由9张米兰当地的建筑细节构成，而另一张则是生活在此地的人与食物的照片。艺术家有意地引导被拍摄者将食物不作为食物来看待，将其与日常其他事物进行替换，从而营造特殊的情景，以诙谐轻松的手法展示米兰这座城市，以及生活在此的人与食物的关系。其中一组中的一张照片是米兰最著名的商业街——埃马努埃莱二世长廊（Galleria Vittorio Emanuele II），另一张是在此购物的女士，而手里的手袋被替换成刚切好的西瓜，巧妙地将米兰的时尚性与世界博览会的主题相结合。在现场展示时，艺术家在有人物的照片下用文字注明拍摄地，用中英文介绍图中所出现的食物。值得一提的是，这个展览同时还由欧洲肿瘤研究所（European Institute of Oncology）和米兰蒙齐诺心脏病研究中心（Monzino Cardiology Center）

图51 《米兰的肖像——重构的想象》摄影作品

的"智慧食物"（Smart Food）项目赞助，该项目的目的是研究用饮食来保护健康，而安德列·罗瓦蒂的作品与项目初衷结合得非常巧妙和贴切，是企业和机构赞助公共空间艺术活动的经典案例。

但是这种摄影作品展示并没有与展示空间的语境进行有效结合，是一种放之四海而皆准的摄影创作。相比较而言，摄影师兼街头艺术家 JR 的作品则是利用摄影手段改造公共空间的典型案例。JR 起步于街头艺术，其早期只是用颜料来进行涂鸦，但当他在巴黎地铁里得到一台相机后，他开始尝试将摄影变成涂鸦，粘贴在公共空间里。除了相对繁华的城市街头，他的作品更多出现在一些相对贫穷的公共空间中，这些地方常常是资本的盲区。少有人，也少有资金愿意介入这些公共空间的改造，例如，耶路撒冷隔离墙、巴西里约热内卢的贫民窟、肯尼亚基贝拉贫民窟、上海拆迁中的老社区等。JR 能很好地挖掘出相应公共空间的社会问题，并用摄影的方式将其转化为艺术创作。

JR 在创作时尽量调动当地人参与到活动中，希望在创作中改变这些人的人生态度，比如在巴西贫民窟创作时，他就让当地儿童参与粘贴等工作，希望通过艺术改变他们的生活态度，但效果并不乐观，这些儿童不久之后又走上犯罪的老路。在耶路撒冷隔离墙创作作品《面对面》（图 52）时，在隔离墙两边拍摄了巴勒斯坦人和犹太人，这些人物都面带戏剧感的笑容，他将这些照片贴在隔离墙上，此时路过的不同宗教信仰、不同民族的人，或许会意识到，如果不分民族，大家其实都很相似，都有和善的一面，为什么不相视一笑泯恩仇？作为一名艺术家，JR 希望通过自己的创作，吸引人们对相应公共空间和生活在此处的人们的生活境遇的关注，更重要的是通过创作直接改善当地人的观念和命运。

卡洛斯·潘比安奇（Carlos Pambianchi）设计的名为《思想与灵魂的食粮》（*Food for Thought, Food for Souls*）（图 53）的艺术装置被

图 52　《面对面》，JR 艺术小组

安放在航站楼内。米兰世界博览会的主题之一是"滋养地球"（Feeding
the Planet），而这件作品的目的是滋养旅客的心灵，喂食旅客的头脑。
人之所以为人是因为其不仅仅要满足物质上的温饱，更重要的是精神和
灵魂上的富足，尤其是在意大利这样一个天主教国家，人们更加重视精
神的力量。正如路德维希·费尔巴哈（Ludwig Feuerbach）所言，"人之
与动物不同，决不只在于人有思维。人的整个本质是有别于动物的。不
思想的人当然不是人；但是这并不是因为思维是人的本质的缘故，而只
是因为思维是人的本质的一个必然的结果和属性"[1]，"人是人的作品，

1　路德维希·费尔巴哈：《费尔巴哈哲学著作选集（上卷）》，荣震华、李
金山等译，商务印书馆，1984年，第182页。

图 53　马尔彭萨国际机场的《思想与灵魂的食粮》

是文化、历史的产物"[2]。这件艺术装置的主体结构由书籍构成，代表着智慧的养分。旅客可以坐在椅子上翻看架子上的书籍，可以感受到哈伊姆·巴哈伊尔（Haim Baharier）、恩佐·比安奇（Enzo Bianchi）、里卡尔·多穆蒂（Riccardo Muti）、沃尔特·西蒂（Walter Siti）、保罗·索伦蒂诺（Paolo Sorrentino）、帕特里齐亚·瓦度格（Patrizia Valduga）等的思想。作品说明牌上附有二维码，当旅客用手机扫描二维码时，手机上会出现一个界面，可以上传感想和图片，构成一个人们互相滋养精神的留言库。这一系列作品由意大利科学基金会（Fondazione per le Scienze）、意大利旅游俱乐部（Touring Club Italiano）和米兰昂布罗修图书馆（Veneranda Biblioteca Ambrosiana）等机构赞助。除了在马尔彭萨机场展示，这一系列还分布在其他的公共空间，例如米兰世界博览会意大利国家馆、米兰王宫（Palazzo Reale）、BPM 银行米兰总部、米兰昂布罗修图书馆（Veneranda Biblioteca Ambrosiana）。米兰世界博览会意大利馆的装置和机场的装置相同，而其他空间的装置则是该装置的不同变体，有的配有声音和视频，通过多媒体的手段让体验者更好地感受其主题"灵魂的食物"（Food for Souls）。

2015 年 6 月 4 日，马尔彭萨国际机场一号航站楼的办票大厅展示了希利顿的不锈钢作品《照亮的跑道》（*Lighted Runways*）（图 54），这件作品由两个 4 米多高的三角柱体构成，一个指向出发地，一个指向目的地。主办方强调，这两个柱体代表着进出，表示马尔彭萨机场作为物流、迁徙、文化交流枢纽的重要性。这两个柱体由于能反射周围的景色，因此很好地融合进了整个办票大厅，而由于其表面做了液体表面似的波纹处理，旅客在行进中会发现在不锈钢表面上呈现的自己的镜像在扭曲

2　路德维希·费尔巴哈：《费尔巴哈哲学著作选集（上卷）》，荣震华、李金山等译，商务印书馆，1984年，第247页。

图 54 《照亮的跑道》，希利顿

变化，仿佛旅行对旅客而言是一种自我重塑的过程。

在一号航站楼另一个区域，有两个高达 15 米的羊毛制纤维艺术装置（图 55）。这两个巨大装置是由米索尼（MISSONI）服装公司赞助，由米索尼品牌创始人的儿子卢卡·米索尼（Luca Missoni）和其堂兄弟安杰·罗杰米尼（Angelo Jelmini）联合创作。这件名为《行间 #2》（*Tra le Righe #2*）的作品与在机场不远处 Museo Arte Gallarate 美术馆同时展出的"'米索尼、艺术、色彩'（missoni, l'arte, il colore）艺术与设计展"相呼应，是该展览中作品《米索尼之树》（*Missoni Trees*）在机场空间的变化版本。通过将意大利传统五彩条纹与现代极简风格设计相结合，以艺术装置为载体，体现出以米索尼为代表的时尚米兰的魅力。这件作品极好地借助

图 55 　《行间 #2》，卢卡·米索尼、安杰·罗杰米尼

世界博览会这一契机，在高层次人流聚集的国际机场展现米索尼品牌的风格，体现出意大利时尚产业与艺术的充分融合。在米兰，除了米索尼，我们还可以看到其他意大利顶级品牌的时尚与艺术相结合的展示空间，例如由雷姆·库哈斯（Rem Koolhaas）设计的普拉达（PRADA）艺术基金会米兰新总部也于 2015 年 5 月 9 日正式对外开放。在米兰新馆开幕之际，普拉达艺术基金会将推出一系列活动。艺术家罗伯特·戈伯（Robert Gober）和托马斯·迪曼德（Thomas Demand）将会展现一系列特别适用于新馆的装置，以达成与工业建筑和场地新空间的对话。除此以外，还有古驰（GUCCI）位于佛罗伦萨商业宫（Palazzo della Mercanzia）的博物馆。米索尼品牌与艺术在公共空间的结合只是意大利高端品牌艺术运作的冰山一角，除了上文提到的普拉达、古驰，还有由杰尼亚（Ermenegildo Zegna）成立的 ZegnArt 机构、阿玛尼（ARMANI）艺术馆等。

在马尔彭萨机场案例中我们发现，很多作品是多方合作的结果，机场作为空间的提供方，借助艺术作品活化了空间体验，而同时又为其他机构提供宣传的平台。而对于商业机构而言，原有的机场广告形式虽然仍然有效，但过于商业化的形式容易使人反感或视而不见，但和艺术家进行合作，制作一批既能体现其商业宣传目的又具备艺术价值的公共艺术作品，会更好地提升其品牌价值和提高关注度。

二、食物雕塑：作为世界博览会公共空间中的形象大使

对朱赛佩·阿尔钦博托作品的借用

米兰世界博览会的主题是"生命能源，滋养地球"（Feeding the Planet, Energy for Life），主要讨论的是人类与食品之间的关系，由迪士尼创作的米兰世界博览会吉祥物 Foody（图 56、图 57）由 11 种水果蔬

菜所组成，每一种水果蔬菜都是一个卡通形象，有独立的名字和性格，以此表达地球上食物及文化的多样性。Foody 是以意大利米兰 16 世纪艺术家朱赛佩·阿尔钦博托（Giuseppe Arcimboldo）的绘画作品（图 58）为基础，朱赛佩·阿尔钦博托 1527 年出生于意大利米兰，他的传统作品并不引人注目，但他的肖像画独出心裁地将人的头部用蔬菜、水果、树、根等堆砌。他的出生地和油画主题恰巧与本届世界博览会十分符合，因此由他的油画作品衍生出了一系列官方形象和相关产品。在城市公共空间中，世界博览会组委会将这一构思进一步延展，邀请曾因马丁·斯科塞斯的电影《飞行家》获得了 2004 年奥斯卡最佳艺术指导奖的意大利著名电影美术设计师丹特·费雷蒂（Dante Ferretti）设计出了一系列由食物组成的名为《食物人》（*Il Popolo del cibo*）的雕塑（图 59）。这些高达 3.5 米的雕塑于世界博览会期间在米兰大量公共空间中轮流展示，如米兰中央火车站、机场、城堡广场、街道和世界博览会园区中。

　　此次米兰世界博览会打造的吉祥物比较成功。首先，米兰世界博览会的 Foody 及其衍生出的雕塑形象是有本土艺术依据的，源自与本届世界博览会主题十分契合的意大利米兰传统油画艺术家的作品。此外，由于其源自著名艺术作品，因此雕塑形象在创作过程中就有了依据，在艺术水准上是可控的。由 Foody 衍生出的雕塑形象，在尺度上、创作细节上都一丝不苟，堪称非常好的艺术作品。该雕塑在米兰公共空间中营造世界博览会气氛的同时，又很好地展示了该城市作为世界时尚之都的审美品位，进一步验证和提高了该城市在文化和艺术领域中的城市品牌知名度。以此为鉴，中国大型活动吉祥物设计可以更注重艺术性及其作为公共艺术在公共空间中的展示效果。

（左上）图 56　米兰世界博览会的吉祥物 Foody

（右上）图 57　组成 Foody 的小伙伴们

（下）图 58　朱赛佩·阿尔钦博托的绘画作品

图 59　《食物人》，丹特·费雷蒂

图 60　《第三伊甸园——被修复的苹果》，米开朗琪罗·皮斯托雷托

皮斯托雷托的苹果

没有一种食物像苹果一样被赋予如此多的文化内涵。苹果在全世界分布十分广泛，认知度极高。早在公元前，苹果就被作为一种特殊水果进入到人类的文化历史中。在《圣经》中，亚当和夏娃这一对人类先祖，在上帝创造的伊甸园中生活得无忧无虑，但有一天他们经不住蛇的诱惑偷吃了禁果，这禁果被广泛地认为是一个苹果。被咬了一口的不仅是伊甸园的禁果，人类历史上最伟大的科技公司之一的标志也是一个被咬了一口的苹果。除此以外，传说中砸中牛顿脑袋，使其灵光乍现发现万有引力的也是一个苹果。意大利著名艺术家、贫穷艺术的重要代表人物米开朗琪罗·皮斯托雷托（Michelangelo Pistoletto）利用苹果这一最有文化寓意的水果作为创作主体元素，在世界博览会开幕之际，于5月3日在米兰最知名的多莫广场上揭幕了一件名为《第三伊甸园——被修复的苹果》（Terzo Paradiso：La Mela Reintegrata）的大型公共艺术（图60）。该项目由皮斯托雷托基金会赞助。该作品由两部分构成，中心位置为高8米的"被修复"的苹果，内部由金属框架作为支撑，外部附上新鲜草皮。该作品整体形象为一个巨大的绿色苹果，仿佛有人用装订器把被咬下的那一块苹果补上了。这件作品想要修复的是什么？是对人类偷食禁果而表示忏悔和弥补？还是苹果标准的幽默修复版？到此的游客，在天主教教堂的面前，会浮想联翩。

在揭幕当天，皮斯托雷托组织了一场行为艺术，人们伴随着音乐和皮斯托雷托的致辞，怀抱着150余包稻草将苹果围绕起来，构成被称之为"第三伊甸园"的视觉符号。这个"新无穷大"符号是皮斯托雷托在2003年时创作的，这个符号也被他运用在很多作品中。米开朗琪罗·皮斯托雷托希望把这个符号作为民族复兴的象征，代表一个新的世界，一个地球文明的新阶段。"新无穷大"符号描述了皮斯托雷托希望创造出思想的新基准与新体制的意愿。在新基准和新体制下，艺术、科学、经济、生态、精神和政治将被结合在一起，在当时的地缘政治背景下开拓出积极的、循序渐进的远景目标。"新无穷大"符号由三个环组成，而非普通的双环交错。中心环代表着第三伊甸园。第一伊甸园由自然统治；第二伊甸园是由人类创造的人工领域，它的不断膨胀使第一伊甸园越来越不堪负荷；第三伊甸园则象征着一个新的阶段，即人类将在人工世界与自然世界之间找到一个平衡。第三伊甸园意味着一次人人参与的责任重大的社会改造，而"被修复的苹果"就位于"第三伊甸园"内。"苹果"外部的草垛每块长宽高为 90 厘米 ×45 厘米 ×35 厘米，重约 20 千克，该作品除了艺术性，同时又具备供游客落座休息的功能性。这件作品在2015 年 6 月被暂时移至森皮奥内公园，只保留了"被修复的苹果"部分，并对表面附着材质进行替换。

皮斯托雷托不是第一次用"苹果"作为符号。2007年，他曾创作由杰尼亚基金会赞助的用羊毛覆盖的小尺寸的《被修复的苹果》（*Woollen — The Reinstated Apple*）。在同一年，他延续其早期镜子绘画的方式，创作了一件名为《和谐的苹果》（*The Apple of Concord*）的平面装置作品。通过"苹果"的意象，提示人类从原始的第一伊甸园诞生，接着建立第二"人造"伊甸园，至今人们应构思一个全球计划，即第三伊甸园。在不完整的苹果剖面的反射中，每位过客都曾构成其一部分，暗喻每个人都与未来的第三伊甸园的命运紧密相连。这就是皮斯托雷托提供给观众的一种经艺术升华的关于世界的宏观人生哲思。

商业空间中的公共艺术

位于多莫广场的la Rinascente购物中心是米兰知名的购物场所之一，这里寸土寸金，内部没有国内大型购物中心那种巨大的公共空间，但在

图 61 　《食用怪兽》橱窗展

图 62 　《突变的鱼》，Zim & Zou 小组

米兰世界博览会开幕期间，也策划了与世博主题相关的艺术活动。商场邀请法国 80 后艺术小组——Zim & Zou 在 la Rinascente 购物中心朝向多莫广场的一排橱窗里进行主题创作。Zim & Zou 小组的两位成员是学习平面设计出身，毕业后专注于用纸做装置艺术作品。他们根据世界博览会主题创作了名为《食用怪兽》（*Edible Monsters*）的纸质装置（图61、图 62），表达化学用品在食品领域的不当使用会对健康造成伤害，进而促使人们对食品工业进行反思。通过《食肉的向日葵》《突变的鱼》和《转基因的玉米》等作品强调使用化学和破坏性的农业技术，可能有损人类健康。这组作品利用电脑建模，手工制作，用鲜艳的色彩吸引人们的注意，既有艺术深度也不乏时尚感。

　　在国内，由于电商的竞争和商业地产过度兴建，很多购物中心希望通过艺术的引入，来增加客流提高租金。其中以上海 K11 购物艺术中心与北京侨福芳草地为业内翘楚。

　　商业空间中的当代艺术，不是买了几件作品放进去那么简单，而是在前期策划、艺术时刻、后期发酵整个过程进行全方位的公共性把控。以事件营销思维反观公共空间中的当代艺术，就不能被动地处理公共性，而是要积极地拥抱公众，激发公众的参与热情，即使是针锋相对的争论。艺术作品与策划作为公共事件中的一环被考量，公共事件行为过程包括前期策划与多方讨论、事件执行、艺术时刻与互动、二次讨论与发酵，以及记录与留存。上海 K11 购物艺术中心策划的艺术展大多口味甜美，以迎合公众为主，而侨福芳草地的艺术品选择则更加体现收藏者本人的艺术追求。侨福芳草地的拥有者黄健华先生酷爱当代艺术，他把自己的艺术收藏展示在商场中，这些作品有时并不完全是为了讨好一般公众，简单作为线下引流的手段，而是建立在自己的艺术追求基础上，所以我们看到有些作品对普通公众而言有些晦涩难懂、不知所云。但这些作品却很符合国内外精英的审美情趣，因此在周边写字楼都不景气的情况下，侨福芳草地仍能保持很高的出租率和租金。侨福芳草地楼上的北京怡亨酒店也价格高昂，且往往一房难求，这说明不迎合普通公众对其没有影响。当代艺术往往像一种病毒，虽然你可以视而不见或是不理解，但感受之后，你的眼睛和思维却已经受其感染，当代艺术对观者的影响是潜移默化的、润物细无声的。

三、地理媒介公共艺术

为世界博览会而打造的艺术城市联盟

米兰世界博览会期间，米兰市政府和米兰商会推出了"城市中的世博"（Expo in Città）项目（图 63）。在世界博览会期间，该项目运用统一品牌来组织大米兰地区各项工商、艺术文化活动。该项目有统一的标识，活动主办方可以在"城市中的世博"网站上登记活动信息，由组委会审核，将相应活动信息以日历形式发布在网站上，同时具体活动主办方在宣传时可以运用该标识。这种组织方式很好地在米兰全城营造了世博气氛，同时又提升了参与到"城市中的世博"项目中的小活动的知名度。以极低的成本实现了多赢。参与该项目的有上千场文化主题活动，引领游客融入多彩、鲜活的欧洲时尚之都。在米兰各地打造集绘画、音乐、戏剧、书籍、手工艺品等为一体的文化盛宴，米兰不再是一个抽象的世界博览会举办地，而是人们生活在其中的、可以深刻体验的世博城市。斯卡拉大剧院有史以来第一次从 5 月 1 日至 10 月 31 日连续开放，为观众奉献 140 场演出。米兰小剧场在 5 月至 10 月期间也有超过 250 场演出。除此以外还策划了一系列特别活动，比如"钢琴城市"活动，在3 天的时间内，超过 300 架钢琴在米兰城中各地点演出，包括有轨电车站、

图 63　"城市中的世博"每月不同的主题

火车站、船、公园等。又如"农夫集市"活动，向参观者展现著名的意大利美食。在策划时，为了防止过于松散，组织者每个月设置不同的主题。五月的主题是"开始"（BEginning），六月是"热恋"（BEloved），七月是"归属"（BElong），八月是"相守"（BEside），九月是"超越"（BEyond），十月是"信仰"（BElieve）。同时该项目又用 10 个关键词来作为主题阐释：表演、艺术、媒体、创新与风格、莱奥纳多、儿童、健康、科学、城市与世界、滋养地球。

　　2015 年 5 月 1 日到 10 月 31 日，在"城市中的世博"的广泛推动下，米兰城的大街小巷及公共场所盛装打扮。5 月是世界博览会首月，以"列奥纳多·达·芬奇艺术展"拉开帷幕，展览将通过达·芬奇的著作、手稿及资料重现文艺复兴时期艺术的璀璨光芒。世界博览会期间，300 场音乐会在米兰最繁华的场所举办，普契尼的歌剧《图兰朵》在著名的斯卡拉大剧院上演，米兰大教堂广场的大型音乐会也免费向公众开放。自行车环游活动、生命能量展，以及齐聚全世界 300 个代表团的世界贸易

图 64   《米兰的黄金时代》投影秀

周展会，各种活动应接不暇。6 月，从爵士、摇滚到古典音乐，各种音乐会在米兰多座公园和剧院演出。7 月和 8 月，可以参加"第十四届米兰艺术音乐节"的中世纪音乐会。9 月，米兰时装周展示了意大利特有的时尚魅力。10 月，以书展为核心，人们可以在米兰感受世界各地的书籍文化。

城市投影秀

从 2015 年 5 月 21 日至 6 月 21 日，每晚 21:30 到 24:00 在米兰王宫上演了名为《米兰的黄金时代》（the Golden Age of Milan）的投影秀（图 64）。这段影像时长 15 分钟，表现的是斯福尔扎家族统治下米兰 15 世纪的辉煌，从米兰城市在意大利北部的霸权时期到那个时代米兰在设计、艺术、时尚、建筑规划等领域的独领风骚，并在此又一次突出了达·芬奇的绘画作品。该项目也是"城市中的世博"的一个项目，将如今世界博览会的米兰和最辉煌时期的米兰相连接，体现米兰在艺术和文化上的深厚，意欲再现米兰的荣光。当地媒体称米兰通过世界博览会将经历新的文艺复兴，米兰将发展到一个新的阶段。

就在《米兰的黄金时代》结束不到 20 天，紧邻的多莫教堂也上演了一场《石头与祷告》（Pietra e Preghiera）投影秀（图 65）。多莫大教堂从 14 世纪开始建设，历经 500 年才建成，主办方认为多莫大教堂在精神上不断喂养着米兰这座城市和居住生活在此的人。这场投影秀选择朱塞佩·威尔第（Giuseppe Verdi）的音乐，影像上，通过抽象升腾的灵光体现天主教的神圣，通过对教堂正立面形态的变化体现多莫大教堂从坎多吉亚（Candoglia）大理石材变成精美的建筑。巍然瑰丽的白色大理石代表着永恒的圣洁，鬼斧神工的雕刻让马克·吐温都不禁赞叹它为"大理石的诗"。这种多媒体打造的抽象的神圣感宣扬了意大利天主教，与《米

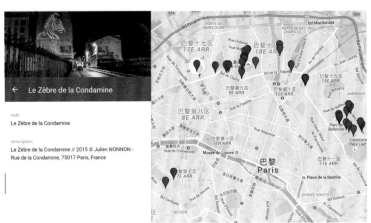

图 65 《石头与祷告》投影秀

图 66 《野生城市》各个投影的位置

兰的黄金时代》投影秀所体现出的人文精神反差很大。

这两个城市的投影秀都是在多莫广场周边的标志性建筑上进行，但如果用地理媒介的思维来组织会获得更好的效果，会使人们更深入地了解米兰。例如法国艺术家朱利安·南尼恩（Julien Nonnen）便用很简单的设备在巴黎创作《野生城市》（*Safari Urbain*）系列作品（图66）。他先用软件将图像制作好，再运用 iPad 作为移动存储工具连接到便携式投影仪，将动物头人身的影像投射在巴黎 20 多座建筑上。人们赋予不同的动物以情感投射，如老虎为食肉凶暴，羚羊为可爱机敏，狐狸为狡猾多疑，而艺术家又将这些动物与人类的职业和身份相结合，并将这些人性化的动物投射在相应的城市区域，表现巴黎不同地域人们的状态。如果米兰世界博览会也做类似的策划，利用地理媒介将线下的投影与移动设备的地图导览相结合，将比大型投影秀性价比高且更容易使人深入游览整座城市，而不是仍集中在城市标志性建筑区域。作品也会更加亲民。

四、城市的文化符号：达·芬奇

意大利的传统：作为设计师的艺术家

以上案例可以看出米兰世界博览会官方和机构组织的城市公共艺术作品都是由设计师兼艺术家身份的人设计和创作的，这和意大利文艺复兴时期一脉相承的传统有关，由意大利特有的艺术设计历史文脉和米兰特有的城市文化和城市特点所决定。米开朗琪罗、达·芬奇等都兼具设计师和艺术家双重身份，也就是人们常说的全才型文艺复兴人。尤其是该届世界博览会所在地——米兰，达·芬奇对这座城市的文化与艺术的影响极为深刻。达·芬奇先后在米兰待了 20 多年，在米兰期间，他不仅接受圣玛利亚修道院的委托，于 1498 年在教堂内的道明会食堂内绘制了其最知名的湿壁画作品《最后的晚餐》，还为米兰的圣弗朗切斯科教堂的一间礼拜堂作了祭坛画《岩间圣母》。除此以外，他还在米兰创作了《圣母子与圣安娜》《圣母像》《孩童与羔羊》，及为米兰公爵卢德维科·斯福尔扎（Ludovico Sforza）的两位情人绘制了《抱着白貂的女士》和《美人费隆尼耶》。在米兰期间，除了艺术创作，达·芬奇还参与了大量设计工作。达·芬奇对米兰城市的规划进行设计，在斯福尔扎城堡前规划了矩形广场，并设计了一条道路连接多莫广场和城堡。为了加强米兰城市守备安全，还设计并亲自主持修建了米兰多条运河，其中包括米兰至帕维亚的运河与灌溉工程，这些奠定了今天米兰城市的基本结构。达·芬奇还担任了多莫大教堂主塔的建筑顾问、斯福尔扎城堡（Castello Sforzesco）的装潢总监。当下，米兰不仅拥有一座以达·芬奇命名的科技博物馆，其中大量展示了达·芬奇的各种设计，还在米兰昂布罗修图书馆（博物馆）中保存了大量达·芬奇的手稿。达·芬奇把自己的灵魂注进了这座城市，生活在此的人们和学习工作在此的设计师、艺术家都受其影响。我们会在米兰看到极具艺术修养的设计师与城市管理者，以及能够把控时尚与设计的艺术家。因此，米兰公共空间中的当代艺术是设计与艺术相融合的典范。以此为鉴，国内教育应该进一步打破学科壁垒，以问题为导向促进学生综合能力与知识的提高，使未来的智慧城市建设者、决策者、参与者都具备较好的艺术修养和设计思维，共同构建智慧城市公共空间艺术化功能体验。

以达·芬奇之名

在整个米兰世界博览会期间，米兰市从政府部门到艺术机构以至民间团体与个人都充分利用米兰文化形象大使——达·芬奇做文章。仅专门为了配合世界博览会举办的达·芬奇的艺术展就达三场之多。

图 67   "'莱昂纳多 1452–1519'展览"中的虚拟现实作品

　　"'莱昂纳多 1452—1519'（Leonardo 1452—1519）展览"在米兰
王宫展出（图 67），展览从 4 月 15 日起至 7 月 19 日，是自 1939 年之
后最全面展出达·芬奇作品的展览。从世界各大博物馆搜罗而来的达·芬
奇作品，将汇聚到这位大师生前居住时间最久的城市，12 个主题分别呈
现达·芬奇的油画、素描、雕塑和手稿作品，重量级的作品就有七八幅，
展品规模将达到 200 余件。除了艺术原件，主办方还通过虚拟现实技术
复原达·芬奇创作时的场景。

　　在米兰市中心斯卡拉歌剧院旁举行的"'莱昂纳多的世界'（The
World of Leonardo）展"，主要亮点是会展组织方"莱昂纳多 3"
（Leonardo3）通过高新科技手段研究和复原达·芬奇艺术品，用多媒体
技术打造展览体验，同时展出了大量根据达·芬奇的手稿制作的模型。《最
后的晚餐》和《蒙娜丽莎》均以 3D 复原的方式与参观者们见面。参观

者还可以通过操控触屏的方式尽情观赏名画的细节。

在 2015 年 5 月 31 日 至 2015 年 10 月 31 日于米兰星宫（Palazzo delle Stelline）举办了以多媒体手段再现达·芬奇的《最后的晚餐》的展览。该展览一共分成五个环节。每一个环节都采用了模块配合每个不同的舞台设置，附带教育活动、多媒体和互动，让观众经历文艺复兴时期的艺术。展览还提供了《最后的晚餐》中的形象，展示了十二门徒和耶稣最后一餐的画面，以及餐桌上的食物，观众能够以感官更深入地体会画中的场景、情绪，用心去感受这件艺术作品。

上文中提及了希利顿在机场"米兰之门"空间里展示了一件为本届世界博览会打造的装置作品《永恒》。这件作品运用达·芬奇的《最后的晚餐》为展示背景，用抽象雕塑来表现十二门徒与耶稣。除此以外，2015 年 9 月 10 日，蔡国强个展"蔡国强：农民达·芬奇"在米兰达·芬奇国家科技博物馆开幕。该博物馆是意大利最大的科技博物馆，展示了大量根据达·芬奇手稿制作的模型。而"蔡国强：农民达·芬奇"展览的是蔡国强从 2004 年开始在中国各地收集而来的农民发明。蔡国强在接受《南方周末》采访时提道："从中国农民发明家的身上，可以看到追求个人价值、追求独立精神的勇气，这是与意大利文艺复兴'以人为本'的精神一致和相呼应的。每一件作品都有各自的故事和主人公，我是为他们讲故事的人。从上海出发，经过绕地球半圈的漫长旅程，来到这个有几百年历史的庭院里，将航空母舰竖立起来，就像一座纪念碑。这是我们向这些农民挑战重力的勇气致敬，他们挑战了自然的重力，也挑战了社会偏见的重力。"

五、民间力量：反对米兰世界博览会的公共艺术

有人认为谈到公共空间的公共性，就必须谈到公共空间的民主性，仿佛公共与民主天生划着等号。但没有绝对的民主，也没有绝对的公共。在城市公共空间中艺术作品的规划上，有学者认为要建立由专家组成的委员会，来投票决定用纳税人的钱创作何种艺术品。委员会的意义在于，它既能代表各方利益，又能站在比较专业的高度上来进行评判。但少数人对多数人的代表和多数人对少数人的暴政一样不可靠。公共空间是一个博弈场，政治和经济利益常常披着艺术的外衣，代表和宣传着一方的意识和利益，在西方民主国家意大利也同样如此。在米兰世界博览会城市形象宣传上，官方以大局为重，策划了大量公共艺术活动来宣传世界博览会，提升米兰城市形象。但作为硬币的另一面，自然有另一群由于各种原因反对世界博览会的人或批判世界博览会的人会不合时宜地在街头和网络上进行相关公共艺术创作。

街头涂鸦与政治表达

一些街头艺术家在米兰街道上画着各种讽刺世界博览会的作品。*EXPO+MAFIA，JUST MARRIED*（图68）所指的是对米兰世界博览会有黑手党介入相关建造和经营的批判，一颗桃心作为相恋的符号而被简单应用到作品中。相较于官方组织的公共艺术，这更像是一种浅显的政治表态，及时从观念艺术的角度来评价，在文字组织上维度太浅。

街头艺术家Tvboy用街头艺术的形式来讽刺米兰世界博览会的主题追求与经济赞助上的悖论。Tvboy无法认同提倡健康饮食的世界博览会竟然会允许可口可乐、麦当劳等垃圾食品作为赞助商出现。在他的一幅作品中，一个小孩掉进了可乐里并在呼救，画面另一边是一只啃食着汉堡的小

（上）图 68　*EXPO+MAFIA，JUST MARRIED*

（下）图 69　Tvboy 反对垃圾食品进入世界博览会

图 70　贴满海报的隧道

怪兽（图69）。

　　在米兰世界博览会开幕之际，有艺术群体组织策划了一次大型的名为"Up Patriots to Arms"的街头艺术行为（图70）。这次展览活动的名字原是20世纪80年代弗朗哥·巴蒂亚托（Franco Battiato）《爱国者》（*Patriots*）专辑中的一首歌名。组织者一开始邀请了30位艺术家进行创作，后来认为公开征集可以组织更多力量，最终有130位艺术家参与，创作了350多幅作品。组织者号召艺术家以男性生殖器为元素，来创作街头绘画反讽米兰世界博览会。组织者提到，之所以选择男性生殖器为元素，是因为女性的身体已经被过度地商业化了，他们希望用男性生殖器来批判米兰世界博览会申办建设过程中的腐败。这些作品采用了戏仿和篡改广告（Subvertising）的手法批判米兰世界博览会。他们认为米兰世界博览会有一系列问题，如组委会资金管理不善，设立了肤浅而自我感觉良好的主题，大规模的过度建设，让生产垃圾食品的麦当劳和可口可乐做赞助商。他们认为，为了举办世界博览会，仅米兰的公共部门就要投资13亿欧元，而这些钱可以做其他更有益的事情，比如缓解世界其他地区的饥荒问题。在米兰世界博览会开幕时，这些作品一夜之间占领了米兰Martesana公园的隧道。但如此大规模的反世博艺术抗议引起了政府部门的不满，相关部门迅速组织工作人员在第二天将桥洞用粘纸和油漆覆盖成了白色。

2015年11月街头艺术家Mr. Wany在米兰一座桥墩上创作了一件戏仿米兰世界博览会标志形象的街头绘画，将由新鲜水果构成的头像，改为腐烂的水果，两只蛀虫从蓝莓中钻出来，眼睛部分是腐烂而挖空的西瓜，在绘画的左上角写着"LIVE AFTER DEATH"，但艺术家故意将红色的"DEATH"划掉，改为"LIVE AFTER THE EXPO"，这一语双关恰好表达了当地部分群众对米兰世界博览会的看法，认为米兰世界博览会对普通百姓的生活改善不大，对当地人而言反而很大程度上产生了负面影响（图71）。

但这些创作对于空间形态与意义的结合度仍显不足。西班牙街头艺术团体博阿·米斯图拉（Boa Mistura）于2012年在巴西圣保罗的巴西兰迪亚（Brasilândia）贫民区里创作"小巷之光"（Luz Nas Vielas）艺术计划（图72），该计划旨在改造贫民区的破败面貌，进而改变居民的日常生活，用艺术关爱儿童的成长。这一团体由五名艺术家组成，他们与社区居民一同将小巷涂上鲜艳的颜色，并按照相机所在视点，利用视错觉，在不同空间的墙面、地面上画出"爱""骄傲""美丽""坚韧"等词语，当处于特定视点时，这看似凌乱的笔画会组成完整的单词。此作品不仅体验性强，而且在创作中又促进了居民之间的交流，使这些居民在共同创作的过程中互相了解，并为他们共同的艺术成果而感到自豪和快乐。

（上）图 71　街头艺术家 Mr. Wany 的作品

（下）图 72　博阿·米斯图拉在巴西圣保罗的巴西兰迪亚贫民区里
　　　　　　创作"小巷之光"艺术计划

（上）图 73　*A Spanner in the Works of Infinity*，罗宾·罗德

（下）图 74　《每日的灭绝种族食物》，意大利街头艺术小组 SNEM

　　米兰街头艺术在创作上也缺乏与其他媒介的结合，如南非艺术家
罗宾·罗德（Robin Rhode）便将街头艺术进一步行为化和影像化（图
73）。他先在南非约翰内斯堡学习纯艺术，后又在研究生阶段研究电影、
电视和戏剧，因此他的作品常常是结合绘画、戏剧、摄影、动画的综合
媒体作品。其主要创作方法是用粉笔、油漆或木炭在墙面或地面上画画，
再让人和画中的情景互动，最后拍摄成照片或制作成定格动画。这些摄
影作品有时是单张，但更多的是成叙事关系的一组照片。罗宾·罗德的
早期作品都是在南非的街头拍摄的，因此有很强的街头艺术痕迹，但由
于其作品的叙事性和表演性极强，因此他后来的一些作品都是跟展览现
场观众共同完成的，有时他的摄影作品更像是一场表演的记录。

　　除了利用涂鸦艺术达到艺术化的政治表达，民间反世博团体"NO
Expo Pride"还组织了行为艺术来表达其政治诉求。该团体组织了一批女
权主义者和女同性恋群体，她们高举一些代表女性的符号化作品，在街
头吸引关注，表达政治观点。

超市中的作品

　　意大利街头艺术小组 SNEM 于米兰世界博览会期间，创作了名为
《每日的灭绝种族食物》（*Il quotidiano genocidio alimentare*）的作品（图
74），该小组成员创作了 200 罐鸡肉罐头，在商家不知情的情况下将这些
罐头放置于米兰多家超市的宠物食品货架上，并在货架上贴上作品标签。
标签的 logo 戏仿米兰世界博览会的会徽，将 EXPO 和 SNEM 进行重叠。
该叠彩文字式 EXPO 会徽由安德烈·普帕（Andrea Puppa）设计。从创作
到顾客购买，整个过程都有专人负责影像记录，并把视频发布到 Youtube
等视频网站上。关于创作意图，艺术家自述道，人类就像皮条客，给予宠
物以食物，而这些宠物却没有机会进行自主选择和购买，同时人也是一

种杂食动物，也是食物与粪便的制造者，其将包装上原本是宠物形象的位置用艺术家个人形象替代，混淆人与宠物、物种间的界限。以恶作剧的形式让顾客从食品的角度重新审视人与动物的关系。他们对这200罐罐头都进行了编号，而超市成了这件作品最佳的展示和销售场所。

这件作品的罐头戏仿了艺术史最知名的罐头——安迪·沃霍尔（Andy Warhol）的《金宝汤罐头》（*Campbell's Soup Can*）。沃霍尔的这件作品是波普艺术的代表作，他将当时美国超市里最畅销的罐头之一——金宝汤罐头，绘制在32块画布上。沃霍尔坚信商业艺术是艺术的下一个阶段，商业社会加速了消费品的同质化，也把阶级抹平了，而流行文化正是商业社会里最具魔力的东西，无孔不入。SNEM通过在罐头外观上的模仿，使得安迪·沃霍尔的《金宝汤罐头》成为该件作品的背景，与艺术史建立起了联系。

以超市为公共空间进行艺术创作的另一个典型案例是《徐震超市》，这件装置作品诞生于2007年，先后亮相于美国的迈阿密巴塞尔艺术博览会、纽约James Cohan画廊、北京尤伦斯当代艺术中心、新加坡香格纳画廊、韩国首尔美术馆、上海美术馆、奥地利格拉兹美术馆等艺术空间。但在2016年4月13日，徐震将这个超市真的开在了上海的街头，更广泛地引起了媒体和公众的关注。"徐震超市"和一般超市看起来十分相似，但出售的商品只有空壳，里面却空无一物，消费者买的是包装而不是产品。创作者期望以艺术商品的形式，打破艺术与商品间看似泾渭分明的界线，引发关于日常消费文化的探讨。

赛博公共空间

反对世界博览会不仅仅是个人行为，甚至形成了民间组织"No Expo Pride"，并在社交媒体注册了账号。世界博览会开馆日当天米兰街头的反世博骚乱，该组织起了组织和推波助澜的作用。"No Expo Pride"组织在街头张贴和绘制反世博内容，其标志性形象是达·芬奇著名的绘画作品——《维特鲁维人》（*Uomo Vitruviano*），在其海报和街头绘画中，该形象不断被替换篡改。该组织有明确的政治要求和倾向，他们代表移民、女权主义、妓女、异装癖、失业大学毕业生和同性恋。因此他们的活动海报采用粉色为底色，并且对《维特鲁维人》进行性别篡改。他们反对种族主义和性别歧视，反对政府将大量经费投入到世界博览会建设中，提议应该把费用投入到真正解决民生问题的公共部门，反对世界博览会及对移民和同性恋群体的忽视。虽然世界博览会组委会在意大利国家馆艺术作品选择上有意体现女性权利，选择了代表女权和移民利益的艺术家瓦妮莎·比克罗夫特的作品和主题与妇女、生育与丰收的保护神赫拉（Hela）有关的作品，但却被"No Expo Pride"组织认为是一种麻醉式的伪善，他们寻求的是实际的关注和境遇的改善（图75）。

图 75　网络海报

第二章　米兰世界博览会园区中的公共艺术

世界博览会作为人类科技与文明的集中展示地，从诞生之日起，艺术就在其中作为重要的展示品而存在。而近几十年的世界博览会上，展陈的艺术装置化、艺术装置的景观化、建筑的公共艺术化又使得艺术和设计往往杂糅在一起，设计师与艺术家也互相踏入对方领域进行创作。在 2015 年米兰世界博览会上，组委会和部分场馆利用公共艺术来阐述展览主题，营造艺术气氛，同时又利用公共艺术的手法进行展陈、景观和建筑的设计。

一、园区的公共艺术策划

米兰世界博览会在园区规划上，除了各国家自建馆外，还设置了9个主题联合馆，以便容纳更多的国家来参加展览。由于参加联合馆展览的国家经济大多不发达且设计能力也较为低下，因此需要园区在规划时就统一进行公共艺术策划。主办方邀请了9位摄影师根据各联合馆主题展开创作，分别是可可、水稻、谷薯、香料、水果蔬菜、咖啡、海岛与海洋食品、旱地、生物地中海。受邀摄影师来自马格南以及意大利本土图片社 "Contrasto"。这9位摄影师主要拍摄纪实摄影，只有个别摄影师跨界到了当代艺术领域。乔尔·迈耶罗维茨（Joel Meyerowitz）受邀为谷薯展区创作，他选择面包为拍摄对象，尽可能地将意大利面包品种拍全并将作品命名为《世界面包》（*Bread of World*），受爱德华·韦斯顿的作品《青椒》影响，他试图通过摆拍赋予这些面包以人性（图76）。另一位摄影师艾琳·昆（Irene Kung）为水果蔬菜展区创作，其延续已有的拍摄风格，在树后放单色布做背景进行摆拍，拍摄了一组名为《神秘花园》（*The Garden of Wonders*）的作品。这些作品中的果树都挂满果实，象征着丰收。由于艾琳·昆学习绘画出身，所以她的摄影作品有很强的绘画感。

除了摄影类的公共艺术，为了配合相应场馆主题并烘托气氛，在个别主题联合馆还放置了一些雕塑作品。例如在海岛与海洋食品馆前，有一件高约6米，名为《渔民》（*Fisherman*）的耐候钢人像雕塑。由意大利著名图形设计师和插图画家吉多斯卡拉·博托洛（Guido Scarabottolo）设计的这件雕塑厚度仅4毫米，重量仅为8千克，因此看上去更像一个从插画书中走出来的剪纸人。该人物体态纤长，脚踩水池头顶鱼，仿佛刚捕捞返回的渔民。

在世博园西侧主入口处，放置了一件埃米利奥·伊斯格（Emilio Isgrò）的卡拉拉大理石雕塑作品《高山上的种子》（*The Seed of the Altissimo Mountain*）（图77）。埃米利奥·伊斯格是意大利西西里艺术家。西西里的塔罗科血橙是世界上最流行的橙子之一，埃米利奥选取该橙子的种子为对象进行创作，把种子放大了15亿倍。他认为橙子是世界上最流行的水果之一，是巴黎和伦敦的香水、苏黎世糖果与布鲁塞尔蜜饯的最佳原料之一，是橙子把人们的胃团结到了一起。由于石材是采自意大利卢卡附近的高山上，因此被艺术家命名为《高山上的种子》。组委会选择这件作品也是由于种子是植物生命之源，是农作物最开始的状态，是生命孕育与萌发的象征，并兼具了意大利的地方特色和国际认知性。但从实际效果来看，艺术家对超大体量的种子形态变化把控不足，艺术化处理过多，尤其是画蛇添足地在种子与底座间做了过渡连接造型，反而导致种子形态难以识别，也造成了美感度的下降。很多人匆忙路过时只觉得这是件莫名其妙的抽象雕塑。艺术家将作品说明雕刻在地面上，但由于文字被平刻在地面上，很难被人察觉。熟识米兰的人，反而会认为其是米兰证券交易所门前意大利雕塑家毛里奇奥·卡特兰（Maurizio Cattelan）的雕塑作品《爱》的抽象版。另外，这件作品的背后就是世博中心，该建筑被反世博团体命名为"屎海"，因此组委会选择这件作品放置在世博园的交通要道上，真的很需要勇气。

在世博园的核心区——意大利广场（the Piazza Italia）上，竖立着四个由著名建筑师丹尼尔·里伯斯金（Daniel Libeskind）设计的名为《翅膀》（*The Wings*）的 LED 灯光装置（图 78）。在造型上，该装置与园区内丹尼尔·里伯斯金设计的万科馆相似，都是扭曲而升腾的抽象造型，但不同的是，《翅膀》装置表面是由西门子的 LED 数控灯构成的影像。在日照充足的情况下，这些影像较难被观察到，但当光线暗淡时，影像赋予了抽象造型以生命。之所以选择丹尼尔·里伯斯金，不仅因为他是著名建筑师，还因为他非常擅长设计纪念碑与雕塑。他参与了意大利的诸多项目，如在米兰、科莫、帕多瓦等地都有他设计的纪念碑式抽象雕塑。

二、国家馆间的竞争

东道主意大利馆

本届世界博览会东道主意大利馆展示了 5 件艺术作品，其中一件公共艺术作品是位于一楼公共区域的由瓦妮莎·比克罗夫特（Vanessa

图 76 《世界面包》，乔尔·迈耶罗维茨

（上）图 77　《高山上的种子》，埃米利奥·伊斯格

（下）图 78　《翅膀》，丹尼尔·里伯斯金

图 79 《詹妮弗雪花白大理石》，瓦妮莎·比克罗夫特

Beecroft）创作的《詹妮弗雪花白大理石》（*Jennifer Statuario*[1]）（图 79）。
这件作品延续其对女性身体的运用，把女性身体代入宗教、社会与历史
的维度进行关照。瓦妮莎·比克罗夫特是国际知名的意大利女性艺术家，
29 岁时便参加了"威尼斯双年展"。她的早期作品是让一群半裸体模特
像雕塑一般站在展览空间中被观众观看。从早期作品中可以看出她对资
本主义社会把女性身体进行商业化和景观化的改造和天主教对裸体偏见
的批判。在展览现场，观众与模特之间的关系为看与被看、穿衣与裸体，
而这种体验会引发观众关于权力的施虐—受虐的联想。近些年，瓦妮莎·比
克罗夫特逐渐将女性身体代入历史维度进行考量，把裸体模特、石膏人
体和大理石人体混合在一个空间展示，这些作品能使人感受到肉体的脆

1   是产自意大利的雪花白大理石

弱和易逝。而身体作为文化艺术史的载体，常常通过艺术化实现形象上的永恒。在 2011 年意大利那波里的个展上，瓦妮莎·比克罗夫特展示的雕塑作品，对女性身体进行了捆绑与倒悬的处理，这种处理比之前的目光暴力更加直接。而此次意大利国家馆所展示的作品形象为，一名无头女人体被倒悬捆绑，置于大理石岩缝中。该作品在造型上与国家馆建筑暗合，同时，未经雕琢的岩石与光滑白色大理石女人体形成鲜明反差，表现手法上比之前更加直接和暴力。

意大利国家馆之所以选择瓦妮莎·比克罗夫特作为设计师，是有政治正确性考虑的。首先是因为她的特殊身份，她是国际知名的意大利女性艺术家，这符合国际知名度和女权主义的要求，又毕业于米兰布雷拉美术学院，与米兰颇有渊源。其次，其作品涉及宗教、移民、女权主义、资本主义等话题，具有较强的左派艺术代表性，会在一定程度上安抚左派和部分反世博人士的情绪，并能较好地体现主办方在文化与政治上的包容性。

国家馆的巨型装置艺术

在上海世界博览会上，像蒲公英雕塑一样的英国国家馆大受好评，而米兰世界博览会英国馆则直接采纳了英国诺丁汉艺术家沃尔夫冈·巴垂思（Wolfgang Buttress）提议的方案，将国家馆打造成一个巨型艺术装置（图 80）。沃尔夫冈·巴垂思是一名雕塑家，喜欢运用工业原料来营造自然物。2011 年，其设计的雕塑作品《升起》（*Rise*）在北爱尔兰贝尔法斯特落成（图 81）。该雕塑由白色和金属色的钢材相拼接，以网状结构搭建起一件圆球形雕塑。艺术家希望人们会将其看作升起的太阳，寓意贝尔法斯特将迎来新的明天。该作品在体量、形态结构上都与米兰世界博览会英国馆非常相似，但毫无疑问的是，英国馆从概念到技术都

图 80　米兰世界博览会英国国家馆

图 81　《升起》，沃尔夫冈·巴垂思

图 82 《金色露珠》，马克·本齐克

比《升起》有巨大提升。英国馆模仿的是另一自然界奇迹——蜂巢。据主创团队描述，蜜蜂对环境十分敏感，被视为地球健康晴雨表，同时在人类的食物中，有超过三分之一的作物需要依赖蜜蜂授粉才能存活。但过去 10 年全球蜜蜂数量锐减，这种情形被称为"蜂群崩溃症候群"（Colony Collapse Disorder）。因此为了呼应世界博览会主题，主创团队选择蜂巢为灵感进行创作。主创团队和蜜蜂专家马丁·本齐克（Martin Bencsik）深度合作，将其对蜜蜂的研究成果转化为英国馆这一巨大多媒体装置。本齐克通过测量蜜蜂振动信号确定群落状况，预见群飞现象。主创团队用灯光与声音的变化来体现蜜蜂振动信号变化，营造了一个生动的蜂巢。

马克·本齐克在英国馆景观处的花丛中又重新创作了其在诺丁汉公墓的雕塑作品《金色露珠》（Golden Dew）（图 82）。该雕塑由钢杆和手工球型玻璃制成,在英国馆蜂巢的语境下,这些玻璃露珠仿佛点点花蜜,同时又在材质和造型上与主体建筑相吻合。

英国馆的这一尝试无疑是成功的,获得了世博组委会颁发的建筑与景观 BIE 金奖,其灯光设计获得 FX 设计大奖的最佳灯光设计奖。从英国馆案例中我们可以看到,此次是由有大型作品建造经验的艺术家领衔设计,在建筑造型上和灯光设计上,从策划伊始便是从艺术观念角度进行考量,因此观念的艺术性被放在了首位,而这种思路非常符合世界博览会这种短期展示类的建筑景观。将艺术装置建筑景观化,将建筑设计公共艺术化,是英国馆成功的核心。

将展陈公共艺术化的国家馆

捷克和斯洛伐克曾经为同一个国家,现在虽然分裂独立,但在本届世界博览会的展示手法上确是惊人相似,这两个国家馆几乎都成了美术馆,主要通过室内外的艺术装置来回应世界博览会主题。在捷克馆前部公共空间中,建筑师设计了一个水池,希望在炎热夏天营造凉爽的气氛,同时设计者希望该水池和池中雕塑,在观念上体现出捷克在纳米净化水技术最新进展和捷克传统水文化。水池中间是一件由卢卡斯·瑞特斯坦(Lukas Rittstein)创作的雕塑,该雕塑前部是一辆小轿车和鸟的混合体,象征捷克用科技优化自然的能力。车保留乘客部位,寓意自然才是司机,而人类只是乘客,一同驶向未来。雕塑后部逐渐拉伸,形成一个长水滴状,同时这个水滴指示的方向很好地起到视觉引导作用,使前部公共空间与场馆建筑产生联系。该雕塑在一侧开了喷水口,连接纳米净化设备,可以喷出净化过的水,以达到调节小气候和增强空间互动乐趣的目的,体现捷克在水净化技术上世界领先(图83)。此外,捷克馆内部和屋顶也都通过艺术家作品的展示,来体现捷克对世界博览会主题的阐释。在

图 83　米兰世界博览会捷克国家馆

通道天花板上吊装着马克西姆·沃洛斯基（Maxim Velosky）的玻璃纤维艺术装置，模仿自然界风吹稻穗与芦苇的感觉。

　　这次捷克馆继续邀请艺术家雅克布·内普拉斯（Jakub Nepras）为场馆创作艺术作品。雅克布在 2010 年上海世界博览会时就为捷克馆创作了三件影像装置作品，分别为《大都会》（*Metropolis*）、《交流的氛围》（*Auras of Communication*）和《文化与异常》（*Cultures & Anomalies*）。《大都会》将以上海和布拉格为拍摄对象的影像投射在旋转的圆形浮雕上，而浮雕由在中国采购的日用产品外形拼接而成。该作品力图营造城市繁忙景象，鼓励人们挖掘城市潜在的能量。在米兰世界博览会上，雅克布延续其影像装置的创作手法，在捷克馆展厅中展示了一件名为《细胞》（*Cell*）的作品。在屋顶花园展示的是雅克布另一件为布拉格动物园打造的影像装置作品《电子火流星》（*e-Bolide*）。这件作品整体造型像一颗砸落地面的流星，在凹处布置了 7 块屏幕，放映的分别是 7 种濒危动

图 84 《电子火流星》，雅克布·内普拉斯

物和其栖息地的场景。例如其中一块屏幕放映的是在蒙古放归普氏野马。
1945 年，普氏野马仅在捷克布拉格和联邦德国慕尼黑二园剩下不到 20
匹的数量，在自然界已几乎灭绝。从 2010 年开始，布拉格动物园每年都
向蒙古戈壁阿尔泰省输送 3 至 4 匹普氏野马。野外放养项目已经取得成
果，普氏野马数量不断增长。展示这些濒危动物意在警告人类不要"吃掉"
这个星球，很多野生动物被人类猎杀而灭绝，或是因为栖息地被人类农
业生产破坏而绝迹。《电子火流星》在世界博览会结束后被运回布拉格
动物园，将在 Rákos 馆展出（图 84）。

    值得一提的是，捷克馆展出的艺术作品背后都有公司或机构作为支
持或合作方，策展人用"1+1"的模式组织了捷克馆的展陈。作品说明
由三部分组成：艺术家名字、企业或机构合作方、作品说明，将科学、
商业很好地通过艺术品进行展示。例如水池中雕塑的合作方是纳米净化

技术先驱 Nafigate 公司；《电子火流星》的合作方是布拉格动物园；玻璃纤维艺术装置的合作方是 Lasvit 水晶灯公司；《细胞》的合作方是 Bioveta 生物制药公司；《10000 次试验》装置的合作方是研究健康与患病细胞预测的有机化学和生物化学学会；浮雕作品《潜意识》（*Subliminal*）的合作方是捷克科学学院植物实验中心。这些公司作为合作方在作品形态上没有强调品牌的露出，尊重艺术家的创作，保证了展览的艺术性和统一性。

斯洛伐克馆最引人瞩目的是门前的几个白色巨大头像，这些头像是对弗朗兹·梅塞施密特（Franz Xaver Messerschmidt）头像作品的放大和情境化处理。原雕塑是独立的艺术品，头像的表情并无特定情境，而设计师将三个头像放入水池，在上部安装了水车装置，仿佛三个头像在享受水的甘甜。这种情境化的再创造是活化原作，将其融入其他公共空间的有效处理方式。约瑟夫·扬科维奇（Jozef Jankovic）蓝色雕塑《尝试满足》（*Tentativo di incontrarsi*）也被放置在室外（图85），约瑟夫·扬科维奇参加过"布拉格之春"运动，是前捷克斯洛伐克社会主义共和国前卫运动的领导者之一，作品常常被当时官方所禁。在捷克与斯洛伐克分裂后，他就作为斯洛伐克艺术家频繁参加国内外展览。艺术家杰库伯（Jakub Trajter）展示的是名为《撕裂者》（*Ripper*）的金属鸟雕塑和《哨子树》（*Whistle Tree*）。《撕裂者》由勺子、餐刀、镰刀等餐具和农具拼接而成，以配合世界博览会主题。《哨子树》由斯洛伐克传统吹奏乐器构成。除此以外还有其他几件当代艺术作品在斯洛伐克馆展示。斯洛伐克人在捷克斯洛伐克尚未解体时，就因经济、政治地位等的边缘化而一直谋求独立，在米兰世界博览会上，斯洛伐克馆空间狭小，而展品规划杂乱，与捷克馆相比在体验上仍然要逊色很多。

图 85 《尝试满足》，约瑟夫·扬科维奇

国家馆入口的公共艺术策划

  法国馆在靠近世博大道一侧放置了一件法国艺术家帕特里克·拉罗什（Patrick Laroche）的作品《蔬菜》（*Vegetables*）（图86）。帕特里克·拉罗什在多年前设计了蔬菜型的烛台，从此后便一发不可收拾，创作了大量蔬菜为主题的雕塑。在法国馆展示的这几件雕塑是由不锈钢烤漆而成的洋蓟和青椒，表面反光，色彩艳丽，隐喻蔬菜需要阳光的抚育。洋蓟最早见于意大利的纪录，其食用价值极高，有"蔬菜之皇"的美誉，但现在以法国种植最多，因此选择洋蓟作为意法农业代表性作物放在法国馆紧临世博大道处进行展示。帕特里克·拉罗什将三棵洋蓟垂直排列，并将上部两棵覆以红蓝二色，整体颜色与法国国旗相似，既有艺术性，又有指示性。

  西班牙馆门前的几个多媒体手提箱是巴塞罗那艺术家安东尼·米拉尔达（Antoni Miralda）的作品（图87）。米拉尔达是一位跨领域的艺术家，在40多年的艺术生涯里涉猎摄影、雕塑、设计等领域，而其中最为知名的是他对饮食的艺术化处理。在1972年他就用蛋糕来制作城市景观，这种处理手法和徐震的作品很相似，但在创意上更胜一筹。米拉尔达还从历史文化角度来反思饮食，挖掘饮食背后的深层次社会问题。他在创作与展示中还强调公众的参与性，并将艺术与生活相结合，于1984年在纽约翠贝卡区建立了著名餐厅"国际小吃酒吧餐厅"（El International Tapas Bar & Restaurant）并创建了饮食文化博物馆。除此以外，米拉尔达的《蜜月项目》（*Honeymoon Project*）在1990年"威尼斯双年展"西班牙国家馆展示过。他还在2000年德国汉诺威世界博览会上以主创身份参与食物馆（Food Pavilion）的艺术策划，因此米拉尔达经验丰富，创作又与米兰世界博览会主题极其吻合，是西班牙艺术家中参与米兰世界博览会的最佳人选。在米兰世界博览会期间，他创作了一组名为《味道的

图 86　《蔬菜》，帕特里克·拉罗什

图 87　米兰世博会西班牙国家馆

旅程》（*The Voyage of Flavour*）的作品。在西班牙馆入口外有一个 5 米
×4 米的巨大手提箱，安东尼·米拉尔达将其定义为一个"手提箱博物馆"。
整个手提箱正面是一块 LED 屏幕，上面播放的是关于食物的艺术片。在
室外景观的地面和空中有一系列正常尺寸的旅行箱引导参观者走向场馆，
营造机场体验，隐喻食物在伴随人类迁徙的过程中而被不断交流和演化。
空中的手提箱与飞机造型相结合，仿佛一群会飞的箱子。这些箱子上都
有滚动字幕，文字内容也与食物有关。为了营造沉浸感，安东尼·米拉
尔达还邀请西班牙音乐家巴勃罗·萨利纳斯（Pablo Salinas）为这些箱子
配以原创音乐。

摩洛哥馆门前竖立着菲利普·帕斯特（Philippe Pastor）的雕塑作
品——《烧毁的树木》（*Burned Trees*）。这些树木是在 2003 年法国的
一场大火中被烧毁的，菲利普·帕斯特将这些烧焦的树干进行艺术处理，
在全世界巡回展出，希望将此作为反对破坏森林的象征。同时，他还加
入了联合国环境计划署于 2007 年发起的"为地球植树：10 亿棵树"活
动（Plant for the Planet: The Billion Tree Campaign）。摩纳哥阿尔贝二世
赞助了菲利普·帕斯特发起的艺术与环境协会和"烧毁的树木展览"。
这种用艺术来进行公益种树的方式和约瑟夫·博伊斯的《7000 棵橡树》
非常相似，但博伊斯的作品更具文化深度。

波兰馆门前展示的是波兰艺术家伊格尔·米托拉吉（Igor Mitoraj）
创作于 20 世纪 80 年代的《伟大的托斯卡诺》（*Grande Toscano*）雕塑
作品（图 88）。之所以选择伊格尔·米托拉吉的这件作品，是因为他和
意大利渊源颇深，在意大利托斯卡纳大区的卡拉拉附近建有自己的工作
室，并在此度过了其职业生涯的大部分时间。他受到意大利宗教和公共
艺术管理机构的委托，制作了多件公共艺术作品，在意大利拥有较高的
知名度。《伟大的托斯卡托》在米兰世界博览会前已经被永久放置在米

图 88 　《伟大的托斯卡诺》，伊格尔·米托拉吉

兰布雷拉附近的卡迈恩广场（Piazza del Carmine）上。此外，其艺术作品风格是将古典雕塑风格和后现代主义风格相结合，用支离破碎的手法处理经典造型。他的作品人物头像多为闭眼或用纱布遮眼，这种对经典造型的残缺处理容易引起人们对战争创伤的想象，反思战争等对人类生命和文化的摧残。这种感受与米兰世博会波兰国家馆突出的国家形象非常契合。这件《伟大的托斯卡诺》雕塑作品更像是对其长期生活的意大利托斯卡纳的致敬，雕塑整体是一个身份模糊的男性躯干，心脏部位是女性头像，肋骨处是女性躯干，这是对圣经中"女性是由男性的肋骨创造出来的"的一种隐喻，并体现出男女在心灵和肉体上的融合。在米兰世界博览会上，波兰国家馆在展厅里播放动画版的波兰史，描述了波兰多舛的命运，充满了战争与分离。在波兰国家馆顶层"魔法花园"里还

图 89　波兰国家馆"魔法花园"中的《维纳斯》

　　展示了伊格尔·米托拉吉的另一件作品《维纳斯》（图 89）。维纳斯是罗马神话中象征爱、生育、繁荣的女神，被恺撒大帝尊为罗马人的祖先。该花园种植了各种繁茂的植物，四周是镜面，花园仿佛被无限延展。

　　乌拉圭国家馆门前立着一块巨大的橄榄树原木，这并不是一个简单的原材料展示，而是乌拉圭艺术家巴勃罗·阿楚加里（Pablo Atchugarry）的作品《生命不息》（*Life after Life*）（图 90）。米兰世界博览会乌拉圭国家馆对巴勃罗的选择是非常贴切的。巴勃罗虽然出生在乌拉圭，但他不断到欧洲游学，并成名于意大利，属于典型的欧洲化的拉美艺术家。巴勃罗在过去几十年往返于意大利与乌拉圭之间，大部分时间会在意大利米兰北部的莱科（Lecco）市的工作室工作。巴勃罗于 1978 年在莱科市举办个展，随后逐渐在欧洲艺术界频频亮相，进入了欧洲的艺术收藏

图 90　《生命不息》，巴勃罗·阿楚加里

和公共艺术委托系统。他于 1979 年开始使用卡拉拉大理石制作抽象雕塑，从此便欲罢不能。他认为卡拉拉大理石是光的携带者，大理石仿佛在召唤他一样，使他难以自拔地不停探索着。在 2015 年米兰世界博览会期间，巴勃罗在罗马的图拉真广场（Trajan's Forum）举办名为"永恒的城市，永恒的大理石"（Eternal City, Eternal Marble）的个展，集中展示了其大理石雕塑作品。卡拉拉大理石是艺术界最知名的材质之一，但适合于创作的大块的原材料非常难获得，因此巴勃罗还用铸铜的方式翻制其大理石作品，也以橄榄树和钢为原材料进行创作。此次乌拉圭国家馆门前展示的就是一件 800 年树龄的橄榄树原木雕塑，这件原木雕塑的造型和巴勃罗的大理石雕塑风格非常接近。乌拉圭国家馆的主题是"乌拉圭生长之生命"（Life grows in Uruguay），因此这件原木作品很好地体现出这种生长的感觉。在谈及创作缘由时，巴勃罗透露，数年前他去帕尔马时偶遇到这棵不朽的、已风干的橄榄树，这棵巨大的枯木本来是要被当作柴火焚烧的，但这浑然天成的造型深深震撼了巴勃罗。他感受到这棵巨木急于想将其数百年的经历和秘密公之于众，所以将其运回工作室，开始研究和挖掘它，用艺术改造它，并给予原木以新的生命，即"生命不息"。同时，乌拉圭国家馆建筑外立面用大量原木块进行装饰，建筑和橄榄树雕塑在视觉上也非常统一。

阿塞拜疆国家馆门前树立的看似普通的糖果雕塑也是一位艺术家的作品。但令人惊讶的是，该国家馆没有选择本国艺术家，而是选择法国艺术家劳伦斯·简凯尔（Laurence Jenkell）为阿塞拜疆国家馆设计作品（图 91）。我们要从历史和宗教的角度看待阿塞拜疆的选择。阿塞拜疆原属波斯帝国，后被俄罗斯帝国占领，在苏联时期作为外高加索苏维埃联邦社会主义共和国并入苏联，在苏联解体时独立。大多数阿塞拜疆人都是什叶派穆斯林，在伊斯兰教国家中，其世俗化和教育程度比较高。

图 91　阿塞拜疆馆门前的糖果雕塑

对于一个原为社会主义阵营的伊斯兰国家，其欲融入西方所领导的国际社会的意愿强烈。而阿塞拜疆的国力也允许其引入国外技术与文化。阿塞拜疆石油产业发达，2014 年人均国民生产总值达 7884 美元。由扎哈设计的阿塞拜疆阿利耶夫文化中心在 2012 年建成，劳伦斯·简凯尔于 2014 年在此举办糖果系列雕塑的个展。米兰世界博览会的阿塞拜疆国家馆也是由三家意大利公司联合设计，在世界博览会结束后运回国内重建。由此可见，阿塞拜疆在国家馆门前放置他国艺术家作品也不足为奇。反观这件作品，是食物和国旗的结合，符合米兰世界博览会主题。早在 20

世纪 90 年代，劳伦斯·简凯尔便开始使用树脂制作大型糖果，并在表面涂以各种图案。较为知名的作品是他在 2011 年为在法国戛纳召开的 G20 峰会所创作的成员国国旗图案的糖果。但在创作手法上，这位法国艺术家和法国国家馆的特里克·拉罗什非常相似，都是运用"小物放大法"，因此阿塞拜疆国家馆只强调国际化却没有本国特色还是十分遗憾的。

与多数国家在入口处邀请艺术家进行创作不同，中国馆在国家馆日时树立起了重达一吨的巨型中国结。中国国家馆日相关活动由上海市政府负责相关费用，因此赞助方会积极介入到相关活动策划与创作中。该中国结由上海纺织集团出资，由上海纺织博物馆常务副馆长蒋昌宁策划实施。蒋昌宁认为，在国家馆门口放置中国结，既是传播中国传统文化，也是向世界展示中国的科技水平，因为原材料"里奥竹纤维"很特殊。展示中国文化和体现赞助方企业技术能力的初衷是好的，但如果有艺术家参与设计，而不是简单地直接搬用中国传统符号，效果会更加理想。世界博览会是延续数月的展览活动，需要有专业的策划团队来对整个运营期间的艺术进行整体把控，因此如果专业团队缺失，势必会导致艺术活动和展示偏离整体主题和叙事。

三、企业与宗教等机构的公共艺术策划

艺术是企业和品牌全球化的敲门砖

除了国家馆，很多企业馆也希望借世界博览会这一平台展示品牌文化。例如米兰世界博览会主要赞助方之一的可口可乐公司就自建场馆并举办"'瓶子里的艺术：第一个百年的可口可乐标志性瓶子'（Art in a bottle: The first 100 years of the iconic Coca-Cola bottle）艺术展"以庆祝可口可乐玻璃瓶诞生百年。该展览所有艺术品都用到了可口可乐标志性

的玻璃瓶形象。据策展人描述，可口可乐玻璃瓶造型十分经典，识别性很强，是一款极为经典的设计。可口可乐瓶作为流行文化的象征被很多波普艺术家作为元素运用到创作中，例如安迪·沃霍尔。主办方希望通过此次展览，使游客感受可口可乐文化，使该品牌再延续下一个百年。可口可乐是美国商业文化和生活方式的代表性品牌和产品，二战后，美国文化和美国资本席卷西方世界，冷战结束后又席卷曾经的社会主义阵营。现在，美式文化受到挑战，可口可乐也被健康饮食相关组织认定为"垃圾"饮料。因此可口可乐不可能强调其产品本身的价值，而是意欲通过艺术品与品牌连接，建立一个可乐等于艺术的语境，提升消费者心目中可乐低级形象。在作品的选择上有意选取含有叛逆、时尚、意大利等元素的当代艺术作品，以便在情感上与年轻人契合，获得年轻人的认可。但米兰批评人士并不买账，他们仍然在街头和网络上用艺术的方式对其声讨。该展览作品包括：丹尼尔·巴索（Daniele Basso）的《可乐是我》（*Coke It's Me*）、霍华德·芬斯特（Howard Finster）的《可乐先生》（*Mr. Coke Is Tops*）、阿尔伯托·姆瑞罗（Alberto Murillo）的《永恒的可口可乐》（*Always Coca-Cola*）、帕库姆（Pakpoom Silaphan）的《艾未未与可口可乐》（*Ai Weiwei on Coca-Cola*）、黛布拉·比恩（Debra Franses Bean）的《博尔塞塔》（*Borsetta*）、托德·福特（Todd Ford）的《可口可乐瓶》（*Bottiglia Di Coca-Cola*），以及路易吉·博纳（Luigi Bona）的《意大利国旗》（*Bandiera Italiana*）。

意大利汽车知名品牌很多，但只有菲亚特通过艺术装置的形式在世界博览会上展出。相比于其他意大利汽车品牌如兰博基尼、法拉利等，菲亚特的品牌定位于中低端消费群体，世界博览会这一场所非常适合其推广品牌。在世博中央大道边上，安放了由法比奥·诺文布雷（Fabio Novembre）设计的《为了一棵树》（*Per fare un albero*）（图92）。这

图 92 《为了一棵树》，法比奥·诺文布雷

件作品早在 2009 年就于米兰奢侈品一条街——蒙特拿破仑大街展示过，此次将其移置此处，既贴切主题又节省成本。路边停靠的汽车和行道树是城市居民习以为常的场景，汽车和植物争夺着城市有限的空间，设计师将二者结合，把菲亚特 500 车型进行花盆的情景式改装，一棵树从菲亚特 500 的天窗里生长出来，汽车孕育生命，幽默诙谐又环保，与菲亚特 500 可爱亲民的外形和节省能源的定位非常符合。

　　总部位于米兰的意大利著名日报《晚邮报》（*Corriere Della Sera*）在米兰世界博览会园区内也设有展馆，并在场馆前不定期地策划名为 "Arte in Diretta-Casa Corriere" 的艺术活动（图 93），每次活动展示时间为一周。该活动是现场艺术，绝大多数艺术家都要在现场进行创作表演。策划人在艺术家选择上不限于意大利国籍，也不限于艺术种类，其邀请了画家、书法家、雕塑家、摄影家、戏剧舞台设计大师、电影导演、建筑师等来做创作表演。2015 年 7 月 4 日至 5 日，邀请瑞士书法艺术家加布里埃拉·赫斯（Gabriela Carbognani-Hess）在现场进行书法表演。加布里埃拉先在白布上用扫帚沾红色颜料画了女性的符号，随后在上面书写诗词。2015 年 8 月 8 日，策展人卡洛·巴罗尼（Carlo Baroni）邀请瑞士裔意大利籍艺术家米歇尔·拉马撒（Michele Lamassa）进行现场创作名为《群青》（*Ultramarine*）的综合版画作品。《晚邮报》在 1945 年 8 月 8 日发表文章报道了广岛原子弹爆炸事件，米歇尔·拉马撒为悼念广岛原子弹爆炸七十周年在现场创作了一幅画。这种策划类似于常见的"历史上的今天"概念，只不过通过艺术家创作的方式进行再解读。此外，在《晚邮报》场馆内还展示了安德列·罗瓦蒂的"'米兰的肖像——重构的想象'摄影展"，不过相较于马尔彭萨机场的展示方式，《晚邮报》场馆里的展示方式则要简陋很多。意大利艺术家马修（Matteo Guarnaccia）被邀请在现场作画，用印度的宗教题材来反思饮食文化。

图 93 《晚邮报》馆门前绘画表演

除上述艺术家外，《晚邮报》还邀请了设计师兼艺术家桑德拉·冯·鲁宾（Sandra Von Ruben）、瓦莱里娅·弗兰乔内（Valeria Francione）、克里斯蒂安·拉门道夫（Christian Lammersdorf）、斯蒂芬·施皮歇尔（Stephan Spicher）、马诺洛·穆赫（Manolo Mulher）、弗朗切斯卡·穆赫（Francisca Mulher）、爱丽丝·帕斯奎尼（Alice Pasquini）、奥塔维奥·曼格雅莱尼（Ottavio Mangiarini）、电影导演兼画家彼得·格林纳威（Peter Greenaway）、加科夫（Jakov Brdar）、齐格蒙特·纳什科夫斯基（Zygmunt Nasiokowski）、亚历克斯（Alex Doll）、阿吉姆（Agim Sulaj）、帕维尔·伊格纳季耶夫（Pavel Ignatyev）、祖赞娜（Zuzanna Niespor）、莱拉·佩雷斯（Lela Perez）、罗比（Robi Imfeld）、玛塔（Marta Mezynska）等。

　　除了一些常设的公共艺术作品，有些企业和品牌在特殊日期也组织
一些公共艺术活动来吸引游客和获得媒体报道。埃尼（ENI）石油集团
是意大利著名能源公司，其赞助了"非洲的能源、艺术和可持续发展"
（Energy, Art and Sustainability for Africa）活动，在世界博览会媒体中心
举办艺术展览。在资源贫瘠的意大利，石油化工类企业要想生存必须依
靠国外资源，而对意大利而言非洲大陆是最佳化石能源来源地之一。石
油开采不得不面对的是资源掠夺和环境破坏的质疑，因此策划类似主题
艺术活动，能在一定程度上提升公司形象。

与时俱进的宗教艺术

　　宗教和慈善机构也在世界博览会上通过公共艺术宣扬其政治主张。
国际明爱会（Caritas）[2] 在米兰世界博览会上独立建馆，并策划了名为"掰
饼：为增饼而分享"的主题展览，邀请参观者反思当下社会的资源分享
及制定消除贫富不均的政策。展馆分成 5 个区域：感动、视觉、认识、
参与及分享。国际明爱会展馆的负责人马拉柯利达（Sergio Malacrida）
在解释展馆的主题时说道："'为增饼而分享'的提议并不矛盾，我们
愿意通过几项诉求来阐明这主题。首先是从西班牙一家博物馆借来的沃
尔夫·福斯特尔（Wolf Vostell）的艺术作品《能量》（图 94）。这件
1973 年的作品用很长的凯迪拉克座车模型表达一个饱食终日的世界，那
时这种车型的价值相当于一套住房。许多长型面包将座车包围起来，形
成了对比。这饥饿的世界呼吁人们回归基本价值，即正义、团结互助、
和平。座车内装载着武器，表明想要累积财富的人也会诉诸暴力。这个
作品是我们展馆的核心表达，它立即打动了参观者，启发他们去思索哪

2　国际明爱会是一个由165个天主教公益团体组成的国际性慈善、发展和社
会服务组织。

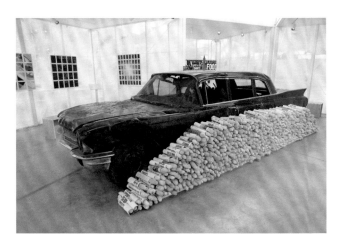

（上）图94　《能量》，沃尔夫·福斯特尔

（下）图95　朱利亚诺·托马尼诺个展作品

些是消除贫富不均的可能途径。" 同时另一件名为《1 vs. 99》的艺术装
置是由该协会志愿者创作，用 5 美分硬币搭建的塔。塔代表的是世界 1%
的人拥有 50% 的财富，而散落地面的零钱是占地球人口 80% 的穷人所
拥有的财富。国际明爱会的宗旨是援助和救济穷人、弱势群体、社会边
缘群体，消除饥饿和暴力。但也难免有自身历史的局限性，其所关注是
物质上的弱势——贫穷和饥饿，而在意识形态上的弱势群体或与天主教
教义相违背的群体便不在其关注范围内。

意大利本地新老餐饮企业的较量

米兰世界博览会的食品主题促使很多餐饮企业更加重视本届世界博
览会，两家意大利大型餐饮企业赞助并大规模参与世界博览会园区的餐
饮运营。而两家餐饮企业不约而同都使用艺术品与餐饮空间的融合来吸
引客流和提升品牌形象，这种结合的另一好处是世界博览会是临时展馆，
对餐饮企业而言过多的装修预算明显不划算，而对于艺术家而言，世界
博览会也是非常好的展示舞台，因此餐饮空间艺术展实现了多赢。两家
意大利大型餐饮企业虽都重视艺术展示，但运作方式完全不同。

CIRFOOD 是一家总部设在意大利的餐饮集团，仅在意大利就拥有
10 个公司办事处、1100 多个运营中心以及 11500 多名员工，其国际业务
遍布比利时、保加利亚、美国和越南。在米兰世界博览会上，CIRFOOD
在室内外分别独立地策划了两个展览。该企业在世博园内多个区域的餐
饮空间的室外，举办了艺术家朱利亚诺·托马尼诺（Giuliano Tomaino）
的个展（图 95），展示了其一系列铁雕作品，如《光》（Leggera）、
伊塔洛（Italo）、《笑柄》（Cimbello）、《我在这里》（Sono qua）等。
朱利亚诺的作品从造型到名称充满着童趣与诙谐，受不同层次成人和儿
童观众的喜爱。由于造型上卡通化的处理，使得观众对其更加易于亲近

互动，而不是敬畏式的观赏，因此朱利亚诺的作品曾一度被放置在世博轴的主通道上，成为游客留影和休息玩乐的节点。同时，作品旁巨大的作品说明上附有 CIRFOOD 企业品牌标志，这组老少皆宜的作品在很大程度上帮助 CIRFOOD 企业吸引以家庭为单位来参观的游客到其餐饮区就餐。在餐饮区的室内部分，由维多利亚·苏利安（Vittoria Surian）策划了"'视觉的味道'（Taste of Vision）艺术展"。该展览主要展示了15 位意大利艺术家根据诗歌而创作的艺术作品。这些作品多数以手绘书的方式呈现，所关注的话题是人类、自然和食物的关系，希望通过艺术创作拓展人们对"味道"的思考领域。但遗憾的是该展览布置没有经过精心策划，作品被放置在玻璃展柜里，在视觉上非常不引人关注，在意向上也没有很好地和餐饮情景相融合，显得孤立而又莫名其妙。相比而言，Eataly 的室内艺术策划要优秀很多。

另一家意大利新秀餐饮企业 Eataly 在世博园区也包下大片餐饮场地，组织艺术作品吸引客源，提升品牌形象。Eataly 是一家食品超市与餐饮结合的体验店。在 Eataly 超市里有多家自建餐厅，可以品尝由超市食材做成的餐饮，如果对餐食感到满意，会促使消费者在店内购买食材。因此食材的正宗与高品质是其主打的品牌形象。在米兰世界博览会上，Eataly 为参观者带来意大利 20 个大区的经典食物，在艺术品选择上与 CIRFOOD 集团有很大差异。Eataly 室外空间名为雕塑公园，放置了一些和食物相关的作品，例如意大利建筑师、设计师兼艺术家加埃塔诺·派斯（Gaetano Pesce）的用低压热挤压五彩聚氨酯打造的作品《无尽》（*Senzafine Unica*）（图 96）。这件作品看上去就像用彩色面条制作的扶手椅。另外，在餐厅里还展示了摄影家爱丽丝·洛瓦赫（Alice Rohrwacher）和西蒙娜（Simona Pampallona）联合创作的《无限》（*Infinito*）摄影作品，这组照片用俯拍的视角拍摄了意大利各地 20 个家庭

图 96　《无尽》，加埃塔诺·派斯

的床照，这些家庭涵盖少数族裔、移民等，因此很有社会代表性，并且很符合意大利人对家庭的重视。

更妙的是，Eataly 借助外力吸引客流，提升形象，将餐饮空间和展览空间相融合。Eataly 的创始人奥斯卡·法立内迪（Oscar Farinetti）赞助了由意大利政客、评论家兼艺术史家维托里奥·斯加尔比（Vittorio Sgarbi）策划的"'意大利的宝藏'（I Tesori d'Italia）展"在 Eataly 餐饮区域举办。这个展览收集了意大利 7 个世纪 200 多件作品，在室内外都有展示。关于举办展览的初衷，维托里奥·斯加尔比说道："每个伟大的城市都必须有伟大的博物馆，如果世界博览会没有，那将是极其荒谬的。"政商结合的好处就是吸引眼球，并且在未来，政治会为商业保驾护航。在开幕式上，2015 年米兰世界博览会首席执行官朱塞佩·萨拉（Giuseppe Sala）、维托里奥·斯加尔比的好友意大利前总理贝卢斯科尼都来捧场。但很多民众，尤其是当代艺术界部分人士持批判看法。因为维托里奥·斯加尔比更多的是靠电视评论和政治竞选获得的知名度和地位。例如，他曾被贝卢斯科尼任命为 2001—2002 年度的文化部副部长，还曾任米兰市文化部部长。批判者们质疑其学术能力不具备在世界博览会这一重要场合策划重要展览，尤其批判他是意大利当代艺术的怀疑者。在他被任命为"2011 年威尼斯双年展"意大利馆策展人时，就被意大利当代艺术界诟病。此次展览多数为传统艺术与工艺品，而当代艺术部分的选择的确令人咋舌，例如其中一件阿多斯·昂加罗（Athos Ongaro）的名为《暴露狂》（L'esibizionista）的马赛克雕塑作品。但斯托尔比的政治力量帮助他从意大利各教堂、博物馆、机构和私人收藏借出知名作品。由此可见，在国际舞台的亮相，政治资源很重要，即使在意大利也是如此。同时，由此观出，诸如意大利这种历史文化底蕴极其深厚的国家，在艺术立场和观点上是极其多样的。Eataly 之所以资助斯托尔比，可能也是由于其品牌是将意大利全国的美食整合在一起推向全球，而维托里奥·斯加尔比策划的"意大利的宝藏"也是希望将意大利各地的特色艺术整合在一起。艺术和食物是意大利最值得骄傲的，是独一无二的，维托里奥·斯加尔比和奥斯卡·法立内迪通过这种餐饮空间与艺术空间结合的方式，可以更好地推广意大利美食和文化。

公益组织场馆的策划

米兰世界博览会为公益组织单独建立了一个公民社会馆（Civil Society Pavilion），虽然位置比较偏僻，但给予各公益组织一个发声的场所。慢食主义等一系列非政府组织在此举办活动与展示。其中"Triulza"基金会策划了"卡西纳大地艺术"（Land Art in Cascina）活动，目的是唤起普通民众对自然和可持续发展的关注。在全球征集环保的、使用自然材料表达可持续发展的大地艺术方案。通过评选，选出了五件作品在世界博览会期间在米兰几个公共空间展示。其中一件名为《叶——大地的呼吸》（*Leaf : The breath of the Earth*）的作品在世界博览会园区内公民社会馆前展出。人类用肺部呼吸，而这件作品将氧气的供应者——树的枝干组成了肺的形状，提醒人们对我们赖以生存的自然予以保护。

四、世界博览会公共艺术的体验设计

装置与雕塑

在智慧城市中，人们可以随时与世界互联互通。从信息传播的角度来看，人们可以用便捷且低成本的移动互联技术获得最新的信息；从体验的角度来看，强大的信息技术，使得人们凭借手机就可以得到很好的多媒体体验甚至沉浸式体验。如今，数字化的多媒体信息及体验的传播效率奇高且边际成本极低，很多本应发生在实体空间的体验和交流都被移动互联技术所颠覆或代替。世界博览会核心意义之一是在某一特定地点，集中展示每个时代最新文明成果，而世界博览会这种耗费巨资、体验人数又十分有限的线下交流和展示也同样面临移动互联在传播、展示、体验模式上的颠覆挑战。所以当今的世界博览会在展示人类最新文明成果上的作用和影响力已远不如其诞生之时。如何在智慧城市时代，更好地将"低头族"吸引到世博现场，吸引到各国家馆里，是摆在世界博览会各设计团队面前的重要问题，而通过营造某种不可替代的、并代表这个时代最新技术或观念的线下体验，是解决这一问题的方法之一。

在设计上，深刻而易懂的理念、先进的技术与材料、非凡的创意等固然重要，但最终都要落实在观众现场体验而不是文本和效果图上，因此以现场体验为核心来进行设计是场馆最终能否取得成功的关键之一。设计师的一厢情愿或是体验设计上的疏忽会严重影响场馆整体表达，导向和流线设计的不周全甚至会产生参观安全隐患。对设计方而言，将进入场馆的人群定义为被动的参观者还是定义为主动的体验者，设计出的效果会有很大差别。将其定义为体验者，则设计方不会过于高高在上，在追求专业高度的同时仍然会谦卑地考虑各种人群在体验时的感受，并以此来推敲各种细节进而调整设计。

2015 年米兰世界博览会的主题是"滋养地球，生命能源"（Feeding the Planet, Energy for Life），目的是寻找为全人类提供有品质的、健康、安全和可持续发展的食品保障的可能性。从本届世界博览会就可看出，体验设计是否巧妙表现主题、是否做到内容和形式相统一、是否人性化，往往决定了一个场馆能否获得好评和取得成功。

对于公共艺术中的雕塑装置而言，大致可以有三种体验方式：旁观、身临其境和互动。体验者之间的关系也可被设计成互无交集和相互影响。这几种体验方式和体验者关系本无高低之分，但在世界博览会这样的场所中，人们不是刚好路过而是花钱抱着体验人类最新技术、理念和来玩乐等心态来参观各场馆的。如果景观中的雕塑装置设计既可旁观，又可身临其境，且能互动的话，会更加容易调动体验者的好奇心并符合其心理预期。反之，在各场馆竞争激烈且参观时间有限的情况下，如果景观中的雕塑装置仍然是旁观的体验方式，观众之间也是各看各的没有交集，且在设计时没有充分考虑人们的心理预期，则体验者对这些雕塑装置往往不容易留下深刻印象，可能会过目而忘，甚至视而不见。下文将以韩国国家馆、斯洛伐克国家馆和巴西国家馆为案例来进行比较分析。

　　韩国国家馆的设计经历了一番周折。在韩国产业通商资源部组织不力的情况下，韩国文体部于开馆前 6 个月紧急接手展开后续工作。因此，展馆从外部景观到内部展陈，基本上是采用相对独立的装置艺术来进行填充，体验下来就像一个有主题的装置艺术展（图 97）。韩国国家馆建筑灵感来源于韩国传统陶器月亮罐。建筑以白色为主，造型圆润，一层为餐厅和纪念品商店，二层为主展厅。在景观区是几个契合展览主题但只可旁观的静态雕塑和装置，例如由一堆银色空罐头堆起来的小山，表达对人类速食过度消费的担忧，这些景观雕塑装置就像作为被观看的对象静置在那里，观众没有参与的体验感，很难引起体验者的兴趣。同样，斯洛伐克国家馆门前也是摆放了几件雕塑，其中一件是将弗朗兹·梅塞施密特[3]（Franz Xaver Messerschmidt）所做的表情扭曲或做鬼脸的头像雕塑模型组合在一起。这件雕塑在空间感受上与场馆脱节，在体验上更是无关痛痒，唯一与米兰世界博览会主题相关的是这位德国艺术家的创

3　弗朗兹·梅塞施密特，1736—1783，德国雕塑家，其最著名的作品《人物头像》创作于斯洛伐克首都布拉迪斯拉发。

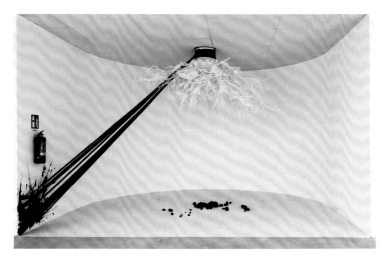

图 97　韩国国家馆中的装置艺术

作灵感来源于他看到镜中自己患肠炎时的痛苦表情。

　　巴西国家馆性价比高的景观装置"大蹦床"无疑成了米兰世界博览会体验设计的一匹黑马。米兰世界博览会组委会对绿化、开放区域和建筑面积有严格的比例要求,建筑覆盖率最多为 70%,并要求各场馆将不低于 30% 的展览场地用于绿化和举办室外活动,巴西国家馆将这大面积的景观部分建成了多层空间,利用锈色的考顿钢搭建整体框架,主创团队希望这种锈色会让体验者联想起巴西富饶的、富含铁元素的红色大地。在金属框架中,由一个延展而起伏不平的绳网结构,构成了一个巨大的体验装置。绳网装置靠近主入口处与地面相连,体验者可以从南侧主入口处开始攀登。绳网向北逐渐变高,构成依次与东侧主体建筑的二层和三层入口相连的网状山坡。在网状结构之下的一层景观步道是用一些箱体挤压出的亚马孙河的形状。箱体内按照不同主题布置了相应的巴西植

图 98　巴西国家馆

物和触控液晶屏。在攀登绳网装置过程中，体验者可以透过网孔看到一层绿植景观。这种双层叠加的设计既容易引起体验者对巴西雨林的想象，又不会过于直白。当人们踩在这富有弹性的网状结构上时，除了会感受到自身重力所导致的上下弹动，在行进中也会感受到他人行走所传递过来的能量。体验者在互动中或攀行而上，或坐坡休息，在有趣的体验中感受到巴西馆所要传达的"网络"理念。巴西国家馆的绳网装置既能旁观（远看如山坡），又能身临其境体验。体验者们还能在人与装置、人与人的互动中，直观地感受到设计师所要传达的意义。因此，巴西国家馆的景观装置体验获得较高评价，排队体验的人众多。但巴西国家馆在景观装置上也有体验设计的明显缺陷，如一层的几个面朝天、水平摆放的液晶屏，即使加了遮光结构，在白天仍然反光过强，显示效果不佳，几乎无法观看（图 98）。

　　但巴西国家馆的网状结构装置并不是首创，我们可以从很多艺术家的装置作品中看到其原型。巴西艺术家埃内斯托·内图（Ernesto Neto）就十分擅长用网状结构制作体验互动式艺术作品。在米兰世界博览会巴西国家馆内一楼当代艺术展厅里还展出其代表性的采用高弹性半透明尼龙纤维和香料制成的作品，在造型上仿佛人体器官。埃内斯托·内图的很多作品都体验性极强，人们可以穿梭其中，可以触摸，可以攀爬。例如，2012 年 9 月 29 日在日本东京 "Madness Is Part of Life" 展览上展出其《生活是一个机体，而我们是其中一部分》（*Life Is A Body We Are Part of*）作品（图 99）。这件作品延续其在造型上对人体器官的某种模仿，蜿蜒的结构仿佛肠道。埃内斯托·内图在这件作品中试图探讨人、生活与自然的关系，想要挑战人类自诩的高于自然的想法。

　　除此以外，艺术小组 "Numen/For Use" 也擅长使用网状结构营造体验空间。在 2013 年，该小组在日本横滨市创作了一件名为《吹起的网》（*Net Blow Up*）的公共艺术作品（图 100）。《吹起的网》延续该小组 "网" 计划创作手法，这个结构是一个可以充气的气球，利用充气使结构膨胀以致内部的网状结构被拉伸起来，当人们在网结构蹦跳穿梭时，因受牵扯，气球的外形也随之有所变化。夜晚时内部灯光使得参观者的身影投射在白色球面上，从外部看仿佛一个影子剧场。

　　日本纤维艺术家堀内纪子（Toshiko Horiuchi MacAdam）于 2013 年在罗马 Marco 当代美术馆展出的作品《谐和运动》（*Harmonic Motion*），其名称很好地体现出这件作品的互动特征，即谐和运动指的是自由振动也可能是受迫振动。就像一张五彩的由纤维构成的大蹦床，但在形态上非常清晰地看到其受埃内斯托·内图的影响。

　　托马斯·萨拉切诺（Tomás Saraceno）有着多重身份，既是装置艺术家也是建筑师，他的装置作品尺度巨大，试图探讨并探索我们这个世

（上）图 99　《生活是一个机体，而我们是其中一部分》，埃内斯托·内图

（下）图 100　《吹起的网》，"Numen/For Use"小组

界不可分割的形态与结构。他的每一件作品都能让观众去思考、感觉人与人之间相互影响的不同形式。2013 年，他在德国杜塞尔多夫市北莱茵 -威斯特法伦艺术品收藏馆（Kunstsammlung Nordrhein-Westfalen）展示的作品《在轨上》（*In Orbit*）（图 101）。这件作品位于 K21 广场上空 25米高的位置，利用钢丝建造了一个总面积达 2500 平方米的三层网状装置。在网上还放置了 6 个直径 8.5 米的充气气球。参观者可以在这三层的网状结构上来回穿梭。《在轨上》这件作品构成了一个超现实景观，让人想起云海。在网上的人仿佛高空中的蜘蛛，往下俯视广场时，就像在观察一个模型世界，那里的人体量渺小。而站在地面的人仰视此结构，仿佛有人在天空中游荡。这件作品同时挑战了人类的生理体验，站在网上，人们不得不面对由高度而造成的恐惧和危险感。这件作品是萨拉切诺与工程师、建筑学家和生物学家共同合作，花费三年时间才打造而成，仅网状结构就重达 3 吨。为了使这个结构看似轻巧又完美安全地安装，萨拉切诺团队对蜘蛛结网进行了深入的研究，这又是一件学习自然的艺术装置案例。

20 世纪 90 年代末，艺术家珍妮特·艾克曼（Janet Echelman）以富布莱特学者[4]的身份访问了印度，本想在印度巡回展览画作的她却意外地被 Mahabalipuram 这座小渔村的各色渔网所吸引。她不禁产生了好奇——如果把渔网悬挂在半空并点亮，是不是能成为一种新型的雕塑艺术？此后她就将毕生的时间精力都倾注在了这个项目中，在世界各地创建发光渔网装置艺术。

从以上案例中可以发现，这些作品的创作时间都早于巴西国家馆，

4　美国富布莱特项目是政府间正式教育交流项目，该项目创建于1946年，以倡议者富布莱特参议员的名字命名。目前，全世界有100多个国家和地区参与该项目。

图 101　《在轨上》，托马斯·萨拉切诺

并且托马斯·萨拉切诺的网状结构作品比巴西国家馆的大蹦床还要精彩。但世界博览会也同样是名利场逻辑，在同届展馆中，只要运用得好仍然会获得比其他馆更多的赞誉。

新媒体艺术

新技术的运用绝对要考虑到观众的体验，而不是一味地求新求酷。与 2010 年上海世界博览会相比，展陈技术的一大突破是移动设备软硬件的发展。2015 年米兰世界博览会很多场馆都采用了平板电脑作为展示平台，利用增强现实等技术实现交互体验。斯洛伐克国家馆、阿联酋国家馆、保护儿童馆等都采用了该技术，但在实际展陈体验中都遇到了一些问题，如：有的体验设计不够人性化，必须依靠工作人员引导操作；设备屏幕小，数量不足，影响体验效率；因人员和设备问题，维护成本高；没有很好得将移动设备体验与整个展陈体验相结合。阿联酋国家馆和斯洛伐国家克馆都利用平板电脑来实现增强现实的体验，但由于设备少，并且是由工作人员携带，随机介绍给体验者，因此体验者数量非常受限，只有很少一部人能够体验，使人感觉是为了彰显新科技才采用，没有很好地考虑到观众现场体验的效果。保护儿童馆展陈也使用了增强现实技术，但体验效果比斯洛伐克国家馆和阿联酋国家馆稍好些，也更为人性化，因为其至少设计了一个可以放置设备的平台，把待机画面设计成图文结合、相对直观的操作说明。

另一种利用移动设备的展示手段是运用虚拟现实眼镜营造沉浸式体验，这种体验就更加个人化，由于单机成本较高，相较于巨大的人流量，虚拟现实眼镜数量显得严重不足，导致能体验到的观众更少。人们在戴着虚拟现实眼镜左顾右盼、移动体验时，常使旁观者感到莫名其妙。斯洛伐克国家馆采用虚拟现实眼镜以全景照方式展示该国美丽风光，但体验内容只是静态全景照片，效果乏味，并缺乏相关外部装置营造体验情景，一旁的等候者根本不知体验效果和等待时长，因而排队体验的人寥寥无几。每台眼镜还需配一名工作人员进行维护和引导操作，导致运营成本高。

在移动设备体验设计上，米兰世界博览会德国国家馆将高科技和展览主题较好地结合在一起。德国馆希望体验者进入场馆后能感受到不一样的、令人惊喜的德国，能将德国看成一个开放、热情、友善、充满奇思妙想的国家。德国国家馆的展陈也采用了移动设备的方式，但却采用了逆向思维，将移动设备设计成一张被称为"种子板"的瓦楞纸合页。这个设计将理念、科技、体验三者非常好地融合在一起（图102）。

"种子板"在理念上与德国国家馆整体设计理念是紧密结合的。德国馆的主题是"理念的田野"（Fields of Ideas）。在建筑上，采用了几

图 102　德国国家馆的"种子板"

个类似于垂直伸展的植物形状的建筑结构，从一楼展厅延展到室外，将
室内外相打通，以节能的方式调节展厅空气和温度，设计者称之为"理
念的幼苗"（idea seedlings）。而"种子板"作为展陈核心道具，将"理
念的田野"这一主题用互动的体验方式呈现出来。相比于其他馆所采用
的平板电脑等移动多媒体设备，德国馆利用瓦楞纸制作"种子板"的设
计非常巧妙。

　　首先，"种子板"是贯穿展陈体验始终的核心道具，在刚进入场馆时，
志愿者会将其发给每个体验者，当人们在序厅等候时，会有屏幕以动画

形式提醒"种子板"的使用方法。在一楼展厅，"种子板"在体验情境中被设定为一本打开的书，天花板上的投影仪将画面投射在种子板上，并用摄像头捕捉种子板的移动，使投影画面随着种子板的移动而产生相应变化，达到与体验者互动的效果。在没有种子板时，这些体验区也是相对完整的。在地面会有一个符合展陈内容的造型，投影仪会将待机动画投射在地面造型的界面上，只有当"种子板"进入感应区时，相应种子板上的投影画面才会改变。在儿童体验区，"种子板"又成为一块画板，可以在其表面书写作画。在表演厅，"BeeJS"乐队的两位声音艺术家先是模仿各种大自然的声音，并指导人们如何将"种子板"当作一件乐器来使用。音乐家引导观众配合相应的表演内容，用手指刮或敲打瓦楞纸，发出下雨的声音和雨打地面的声音。此时的观众不是被动欣赏，而是作为演奏者与"BeeJS"乐队一同参与了"Be（e）active"音乐演出，在展览的最高潮将"种子板"的体验发挥到极致。其次，作为移动交互界面，"种子板"位置识别和多媒体互动是靠天花板上的摄像头识别瓦楞纸上的 7 个圆点来实现的，瓦楞纸本身并没有内置芯片等高成本电子元件，因此单张制造成本很低，不需太多费用即可达到人手一份，这样既保证每个体验者都能参与体验，同时又能将其作为德国国家馆"理念的田野"主题纪念品被观众带回；再次，在交互设计中，"种子板"无论作为"书"或"画板"的意向都设计得非常自然、人性化，人们只需在序厅稍看操作动画，就可凭直觉使用，体验顺畅。在"Be（e）active"音乐演出时，音乐家用幽默的互动表演来指导"种子板"的演奏方法，因此体验者非常容易被调动，一同参与演奏。最后，"种子板"的设计使得体验者之间可以互看、互相影响甚至互动，在保证个人体验乐趣的同时，又做到了群体性体验。因此，德国国家馆在移动设备体验设计上完胜其他场馆。

第三章　米兰世界博览会的遗产

一、对物质遗产的再利用

对于一个国家和一座城市，世界博览会和奥运会都是投入巨大的项目，同时也会对当地的文化、城市规划等领域产生长远影响。上海世界博览会和北京奥运会在结束之后都给当地留下了大量建筑、艺术、文化等遗产。而随着中国国际地位的提升，今后的大型国际活动会更多地在中国城市举办，如何规划、再利用及再续辉煌是摆在举办国际重量级活动的城市面前的问题。尤其是在大型项目策划之时，就要站在更长的时间轴上，在全生命周期上来充分考虑该公共艺术、建筑、规划项目。

上文提到的米开朗琪罗·皮斯托雷托的《第三伊甸园——被修复的苹果》，在世界博览会结束后被捐献给了米兰市政府，在经由米兰艺术与景观监管局和景观委员会批准后，于 2016 年 3 月 21 日放置在米兰中央火车站站前的奥斯塔公爵广场（Piazza Duca d'Aosta）上。为了降低维护难度及费用，米开朗琪罗·皮斯托雷托将表面材质进行替换，用白色石膏和大理石粉混合而成的材料附着在原有金属结构上。对于米兰市政府而言，米开朗琪罗·皮斯托雷托是米兰世界博览会公共艺术创作艺术家中最知名、资历最老的一位，这件"苹果"作品在主题上既与米兰世界博览会吻合，是世界博览会很好的纪念物，同时，其主题又不拘泥于此，被咬一口的造型又会使人联想到宗教和科技，在更长的历史中，可以从更多角度解读。另外，把小的、受民众喜爱的物品放大也是当代艺术中较为常见而又容易获得公众认可的手法，因此选择将其放在米兰最重要的广场之一——奥斯塔公爵广场，是最佳的选择，使来到米兰的游客第一时间感受到米兰的亲和力和活力（图103）。

而另一件由意大利大理石生产厂家 Henraux Spa 赞助的，曾在世博园区最核心位置展示的雕塑作品《高山上的种子》，在世界博览会结束后也被捐献给了米兰市政府，被展示在森皮奥内公园外（图104）。

米兰马尔彭萨国际机场，在世界博览会后趋于冷清，没有了2015年的繁忙景象。在世界博览会行将结束时，在"米兰之门"艺术空间举办的《永恒》展览，时至2016年4月仍未被替换。在机场其他公共空间中，很多作品也被保留，如纤维艺术《行间#2》《照亮的跑道》等。如何在世界博览会后再续辉煌是米兰各界不得不思考的问题，而"米兰国际三年展"的重启则是一个有力的尝试。

二、"城市中的世博"的转型与"米兰三年展"的重启

世界博览会结束后，"城市中的世博"组委会也面临转型。其将继续扮演展览、表演等艺术活动的发布功能，但已经失去了为各活动提升品牌的功能。在其网站上发布信息的项目，也很少再使用"Expo in Città"这一标志。因此，"城市中的世博"项目在世界博览会后基本停滞，但其以品牌授权的方式，调动全城各界文化机构共同举办大型活动的经验被重启的"米兰三年展"所继承。

"米兰三年展"历史悠久，从20世纪20年代开始在米兰附近的蒙

（上）图 103　被放置在奥斯塔公爵广场上的《第三伊甸园——被修复的苹果》

（下）图 104　森皮奥内公园外的《高山上的种子》

扎市举办，在1933年正式迁入米兰，此后举办了20届，直到1996年暂停。在米兰世界博览会结束后，"米兰三年展"成为最有可能再续辉煌的一个艺术设计项目。对于米兰市政府和三年展组委会而言，希望重启的"米兰三年展"可以与"威尼斯双年展"比肩。"威尼斯艺术双年展"和"建筑双年展"隔年轮番开幕，每个展览都在气候最宜人的6个月中举办，使得威尼斯主岛的产业得以成功转型为展览和旅游业。米兰虽有世界知名的设计周、时装周和一系列国际知名商业展会，但缺乏延续时间长的项目吸引游客，提升当地艺术设计等产业，因此重启"米兰三年展"不失为一种有效的尝试。

"米兰三年展"的运营模式参考了"威尼斯双年展"，将常设展馆——"米兰三年展"展馆，作为核心主展馆，同时在全城19处设置分展馆，盘活全城的展览空间。同时，在核心主题展馆，主办方又希望按照国家馆形式进行组织，但由于是多年之后比较仓促的重启，而组委会工作人员是"米兰三年展"展馆现有人员，因此在筹备中难免力不从心，导致以国家馆形式参加的主题展不是很多。但从展览质量来看，这次重新启动的"米兰三年展"仍然非常出色。

早期的"米兰三年展"是设计与艺术一同展出，直到后期由于米兰市的设计产业在世界范围内变得举足轻重，因此在展览主题和展示内容上转向了设计。2016年"米兰三年展"的主题便为"设计之后的设计"。但这种主题的设置，并不妨碍策展人从艺术或是更加实验的角度来反思设计。因此，主场馆的以清华大学美术学院等高校联合策划的"二十一世纪人类圈——一个移动、演进的学校"项目和比可卡当代艺术中心策划的"'作为艺术的建筑'展"，都是从艺术和实验设计角度来反思现有的设计，从观念层面探索未来设计的新可能。

"人类圈"（Noosphere）一词，源于希腊语的"nous"（思想、智能）和"sphaira"（球），相对于"生物圈"，"人类圈"指的是人类思想的环境。清华大学美术学院、米兰新美术学院（NABA）、多莫斯设计学院（Domus Academy），三所院校延续国际多元文化合作的宗旨，通过此次项目探索并定义一个未来设计教育的新场景。该展项包含三个部分：一是作为思想发动机的"教室"；二是以活竹子与运输包装箱为主体构建的户外展区；三是用竹材构建的室外"实验室"。该项目是由十几个工作坊串联而成，每个月来自不同国家的导师和国际顶尖设计与艺术院校的学生来此空间，通过实验创作及展示来探讨一系列主题，如：设计对象的多样性和复杂性；功能艺术的演化；仿生、设计和人工智能：一个为未来协同的共享平台；设计和未来社会：应用于教育的未来设计文化；超联系和集体智慧：城市、国内和公共视角；意大利设计之后的设计；大浪费：一个伦理、审美的挑战；生物科学：生物圈中的能源利用。

在开幕展上，策展人苏丹教授选择展示动物相关的当代艺术作品来引发人们对设计的反思。李天元的《我的细胞》影像作品记录的是从艺术家本人血液中提取 T 细胞，再将 CD3 和 CD28 两种抗体与 T 细胞混合在一起，记录它们的变化。苏丹教授的《族群、社会和空间》装置作品营造了一个以蚂蚁为主体的生态系统，在装置内放置了意大利知名的建筑模型，从比例上来看，仿佛蚂蚁就是生活在此建筑群里的人类，参观者仿佛是在从上帝视角反观诸己。

在户外展区，由多个木制运输箱构建了一个大型多媒体装置，该装置嵌入在 12 组活竹子所围合的空间内。之所以选择木质运输箱为主要元素，是因为"人类圈"搭建的源自移动课堂概念，希望是一个可自由组织的、可迁徙的知识生产工厂，来自不同国家、不同专业的师生，在此进行研讨、实验和展示，同时又将成果带回各自地区和国家。同时，该展览还有一条暗线——Noos Ark。Noah's Ark 是指挪亚方舟，而"noos"源于希腊语"nous"（理性），因此这条隐藏线索也可以称之为 Nous Ark。本届"米兰三年展"的主题"设计之后的设计"是个时间概念，也可以理解为一个空间概念。如果从时间轴上去看待，"人类圈"的每一次工作坊都是一次归零。每一个具体的设计问题在此之前都记为"-1"，此刻为"0"，未来为正。从空间角度看待，希望每次的工作坊都是一扇门，或是一扇窗，跨过或望去，将是另一片天地。Ark 是"方舟"，也是摩西在婴孩时所藏身的"箱子"。其建造的目的是为了让诺亚与他的家人，以及世界上的各种陆上生物能够躲避一场上帝因故而造的大洪水灾难。当下，虽然海平面上升，但洪水尚未到来，在面临危机时我们不需要上帝替我们清零，"人类圈"的每次工作坊都是未雨绸缪的自我革命。"Ark"不仅是一个箱子，更是一个表态，一个理念，一个动物，一个设计，一个生态……理念的方舟将使设计重启，设计清零之后的设计。

在开幕时，三个大木箱内放置了与动物、设计相关的艺术作品，分别是影像作品《元塑 VII-beehand》、装置《大浪费：一个伦理、审美的挑战》和装置《生物科学：生物圈中的能源利用》。《元塑 VII-bee-hand》记录的是艺术家本人在七天时间里，不断将右手深入蜂巢，使蜜蜂从起初的排斥到最后的熟悉，最终栖息右手上，在手上面建构蜂巢，使右手变成蜂巢的一部分。与蜜蜂日夜朝夕相处的七天，艺术家与蜜蜂各自完成了进化，实现了人与自然之物的转变。《大浪费：一个伦理、审美的挑战》探讨的是什么是真正的浪费以及与人自然的关系。作品是两只白鹭标本站在由产品堆砌而成的两座孤岛上。人类的生产已不再是满足基本的生存需求，资本不断迎合且激发人们永难满足的欲望，而不惜极大消耗和损害着自然，在这一过程中，设计也成为贪婪的帮凶。设计究竟是为了什么？希望通过该作品的展示，让参观的业内人士再次从原点思考，再次出发。《生物科学：生物圈中的能源利用》艺术装置是一个巨大的棕熊标本俯视着由食品和日用生活品包装盒所构建的人类都市，仿佛要侵入其中。人类通过进食，从生物界获得生理生存的能源，通过对化石燃料、沼气等的利用，人类从生物圈获取日常生活所需能源。在能量攫取的过程中，人类操纵着生物圈，选种育种，控制进化方向，同时又破坏着自然，多种生物灭绝。如何更好地看待生物、能量、人类三者之间的关系？希望通过该装置的展示，引起观者思考。同时城市也仿佛是一个不停吐纳的生物体，有的城市不断成长，吞噬着自然。从生物圈获取的能量不仅用于运行这座城市，更重要的是需要从生物圈获取改进我们认知和行为的动力。

　　"在人群中，艺术家不再专注于创造具象物件，并让人群对这物件专注反应，而是要创造人与整体现场环境的新关系（或相对位置）。"[1]在运输木箱内外，艺术家还在不同位置安装了音响，在不同位置发出自然界各种动物的声音，利用声音穿透视觉所不及的空间，在与展馆一栏之隔的森皮奥内公园里，仍可感受到作品的存在，并将人造的公园在听觉体验上野生化。

　　"米兰三年展"的分场馆中，艺术与设计结合最佳的是在意大利米兰市享负盛名的当代艺术中心——比可卡机库当代艺术中心（Hangar Bicocca）举办的"'作为艺术的建筑'展"和安塞姆·基弗（Anselm

---

1　卡特琳·格鲁：《艺术介入空间：都会里的艺术创作》，姚孟吟译，广西师范大学出版社，2005年，第147页。

Kiefer）的 " '七座天塔' （The Seven Heavenly Palaces）展"。这两个
展览一个是建筑师用装置艺术创作来表达对建筑及人居环境的思考，另
一个是一位世界顶级当代艺术家用建筑化的装置来传达其对人类文明的
深刻忧虑，两个展览所展示的都是建筑化的装置艺术，但创作者身份角
色不同，在相邻近的空间一同展示，互为解读语境，引发了观众更深刻
的思考。

《七座天塔》每一尊重约 90 吨，高约 14 至 18 米不等，以不规则
的折线分布在狭长的展厅内。基弗运用其常使用的混凝土、钢筋材质打
造高塔，在有的高塔底座和层与层之间压着其标志性符号——铅书。这
七座高塔每一座都有不同的意义：萨菲罗斯（Sefiroth）[2]、忧郁症（Mel-
ancholia）、阿拉拉特山（Ararat）[3]、磁力线（Magnetic Field Lines）、
耶和华（JH & WH）[4]、坠落图片之塔（Tower of the Falling Pictures）。
这些看似破败的高塔群仿佛一个遗址，一个意义、艺术、历史文化的"废
区"，引发观众从原点思考，在废区中重新建立。

" '作为艺术的建筑' 展"，展示的不是建筑模型或图片、影像资料，
而是邀请建筑师和建筑工作室专门为了该展览打造新的装置。展览名称
中所提的艺术绝不是美学意义上的传统艺术，而是借鉴了很多当代装置
艺术的营养，有意规避了功能性，而更加强调实验性和观念性，意欲为
21 世纪的建筑设计提供思想和实验案例。

2　萨菲罗斯是《圣经》中记载的一棵生命之树，在《创世纪》中出现在伊
甸园中，其果实能使人长生不老，在一场烈火中，生命之树会得到新生，并
且带来一个崭新的世界。

3　《圣经》中挪亚方舟最后的停泊处乃一座山的山顶，而土耳其阿拉拉特
山被认为最有可能是方舟的停放之处。

4　耶和华的希伯来文是 JHWH

从展览可以看出建筑师做艺术，善于从一些具体问题入手，比如空间体验性、材质运用等。而艺术家虽然更多地关注人类的终极问题，但艺术家也有自身局限，因为其更愿意按照传统纪念碑或纪念雕塑的体验方式来创作，在空间体验规划上有所欠缺，所以汲取两边之所长的艺术家或设计师在未来的建筑化或景观化装置艺术创作和艺术装置化建筑与景观设计方面将更有竞争力。

其实 2015 年特纳奖就颁给了一个建筑团队，虽然该奖项就以"出乎意料"为名，但建筑改造在满足功能性的情况下，又同时带有艺术的观念性和实验性，也会是一件不错的公共艺术作品。

结　语

　　人工智能、5G等技术使城市变得更加智能，并将拓展出智慧城市更多的应用场景。当我们兴奋地拥抱智慧城市、迎接人工智能城市的到来时，必须保持足够的警惕，提防这些基础设施和技术被用来作恶。"技术本无善恶"，面对亦敌亦友的智慧城市，艺术家需要打入敌人的内部，从内部改造它，并融入智慧城市、人工智能城市。兼具功能与人文性的智慧公共艺术，可能是规避恶的有效手段之一，因此智慧公共艺术必将成为影响今后城市生活的极为重要的艺术形式。艺术与设计的从业者需要清醒地认识智慧城市的利弊，不能沦为数字时代的流放者、数据囚禁和驯服的帮凶，而应积极运用新技术，在前人从未进入的超真实世界中尽情地创作。

参考文献

[1] 波斯特 . 第二媒介时代 [M]. 范静哗，译 . 南京：南京大学出版社，2001.

[2] 布拉斯科维奇，拜伦森 . 虚拟现实——从阿凡达到永生 [M]. 辛江，译 . 北京：科学出版社，2015.

[3] 丹托 . 艺术的终结 [M]. 欧阳英，译 . 南京：江苏人民出版社，2005.

[4] 福柯 . 规训与惩罚 [M]. 刘北成，杨远婴，译 . 北京：生活·读书·新知三联书店，2003.

[5] 戈德史密斯，克劳福德 . 数字驱动的智能城市 [M]. 车品觉，译 . 杭州：浙江人民出版社，2019.

[6] 格劳 . 虚拟艺术 [M]. 陈玲，译 . 北京：清华大学出版社，2007.

[7] 格鲁 . 艺术介入空间 [M]. 姚孟吟，译 . 桂林：广西师范大学出版社，2005.

[8] 哈贝马斯 . 公共领域的结构转型 [M]. 曹卫东，等，译 . 上海：学林出版社，1999.

[9]海姆.从界面到网络空间：虚拟实在的形而上学[M].金吾伦，刘钢，译.上海：上海科技教育出版社，2000.

[10] 卡莫纳，蒂斯迪尔．公共空间与城市空间——城市设计维度 [M]．马航，译．北京：中国建筑工业出版社，2015．

[11] 克拉克．全球传播与跨国公共空间 [M]．金然，译．杭州：浙江大学出版社，2015．

[12] 克里斯塔基斯，富勒．大连接：社会网络是如何形成的以及对人类现实行为的影响 [M]．简学，译．北京：中国人民大学出版社，2013．

[13] 列斐伏尔．都市革命 [M]．刘怀玉，张笑夷，郑劲超，译．北京：首都师范大学出版社，2018．

[14] 罗伯森，迈克丹尼尔．当代艺术的主题：1980 年以后的视觉艺术 [M]．匡骁，译．南京：江苏美术出版社，2011．

[15] 麦克卢汉．理解媒介——论人的延伸 [M]．何道宽，译．南京：译林出版社，2019．

[16] 麦夸尔．媒体城市——媒体、建筑与都市空间 [M]．邵文实，译．南京：江苏教育出版社，2013．

[17] 麦夸尔．地理媒介：网络化城市与公共空间的未来 [M]．潘霁，译．上海：复旦大学出版社，2019．

[18] 米切．比特之城：空间，场所，信息高速公路 [M]．范海燕，译．北京：生活·读书·新知三联书店，1999．

[19] 米切尔．伊托邦：数字时代的城市生活 [M]．吴启迪，译．上海：上海科技教育出版社，2005．

[20] 穆尔．赛博空间的奥德赛：走向虚拟本体论与人类学 [M]．麦永雄，译．桂林：广西师范大学出版社，2007．

[21] 尼葛洛庞帝．数字化生存 [M]．胡泳，译．海口：海南出版社，1996．

[22] 帕帕扬尼斯．增强人类——技术如何塑造新的现实 [M]．肖然，

王晓雷，译.北京：机械工业出版社，2018.

[23] 桑内特.公共人的衰落 [M].李继宏，译.上海：上海译文出版社，2014.

[24] 瓦尔.作为界面的城市——数字媒介如何改变城市 [M].毛磊，彭喆，译.北京：中国建筑工业出版社，2019.

[25] 维特根斯坦.哲学研究 [M].陈嘉映，译.上海：上海人民出版社，2005.

[26] 杨长云.公众的声音：美国新城市化嬗变中的市民社会与城市公共空间 [M].厦门：厦门大学出版社，2010.

[27] 胡斌.中国当代艺术研究 2——公共空间与艺术形态的转变 [C].桂林：广西师范大学出版社，2015.

[28] 塞尼亚.美国公共艺术评论 [C].慕心，等，译.台北：远流出版实业股份有限公司，1999.

[29] 李沁.沉浸传播的形态特征研究 [J].现代传播，2013(2).

[30] 张烈.虚拟体验设计的基本原则 [J].装饰，2008(9).

[31] 邹文.公共艺术与当代艺术之比较 [J].公共艺术，2015(6).

[32] 蔡顺兴.数字公共艺术的"场"性研究 [D].上海：上海大学，2011.

[33] 孙欣.基于互动的公共艺术——影响当代公共艺术创作的环境因素研究 [D].北京：中国艺术研究院，2010.

[34]BENFORD S, GIANNACHI G. Performing Mixed Reality[M]. Cambridge MA: MIT Press, 2011.

[35]BRATTON B. The Stack: On Software and Sovereignty[M]. Cambridge MA: MIT Press, 2016.

[36]CALDER K. Singapore: Smart City, Smart State[M]. Brookings In-

stitution Press, 2016.

[37]CHOW J. Informed Urban Transport Systems: Classic and Emerging Mobility Methods toward Smart Cities[M]. Amsterdam: Elsevier, 2018.

[38]GREENFIELD A. Against the Smart City[M]. New York: Do Projects, 2013.

[39]HAEUSLER M. Media Facade[M]. Ludwigsburg: Avedition, 2009.

[40] HALACY D. Cyborg: Evolution of the Superman[M]. New York: Harper and Row Publishers, 1965.

[41]HESPANHOL L, HAEUSLER M, TOMITSCH M, et al. Media Architecture Compendium: Digital Placemaking[M]. Ludwigsburg: Avedition, 2017.

[42]KLUITENBERG E. Hybrid Space: How Wireless Media Mobilize Pubilc Space[M]. Rotterdam: NAi Publishers, 2006.

[43] KOCKELMAN K, BOYLES S.Smart Transport for Cities & Nations: The Rise of Self-Driving & Connected Vehicles[M]. Austin: The University of Texas at Austin, 2018.

[44]LEFEBURE H. The Production of Space[M]. Oxford: Blackwell, 1991.

[45]MCLAREN D, AGYEMAN J. Sharing Cities: A Case for Truly Smart and Sustainable Cities[M]. Cambridge MA: The MIT Press, 2017.

[46]NECKERMANN L. Smart Cities, Smart Mobility: Transforming the Way We Live and Work[M]. Troubador Publishing Ltd, 2018.

[47]SCHWARTZ S. Street Smart: The Rise of Cities and the Fall of Cars[M]. New York: Public Affairs, 2015.

[48] TOMITSCH M M. Making Cities Smarter: Designing Interactive

Urban Applications[M]. Berlin: Jovis, 2018.

[49]TOWNSEND A. Smart Cities: Big Data, Civic Hackers, and the Quest for a New Utopia[M]. New York: W.W. Norton, 2013.

[50]WILLSON R. Parking Management for Smart Growth[M]. Washington DC: Island Press, 2015.

[51]SILVA A. From cyber to hybrid:mobile technologies as interfaces of hybrid spaces[J]. Space & Culture, 2006(3).

[52]Sidewalk Labs. Toronto Tomorrow[R]. Toronto: Sidewalk Labs, 2019.